DU CHOIX
D'UNE STATION D'HIVER

ET EN PARTICULIER

DU CLIMAT D'ANTIBES

ÉTUDES PHYSIOLOGIQUES, HYGIÉNIQUES ET MÉDICALES

PAR

A. BERGERET

(DE SAINT-LÉGER SUR DHEUNE),

Docteur en médecine, élève lauréat des hôpitaux de Paris.

Vitam impendere vero.

PARIS

J. B. BAILLIÈRE ET FILS

LIBRAIRES DE L'ACADÉMIE IMPÉRIALE DE MÉDECINE,

Rue Hautefeuille, 19.

Londres	Madrid	New-York
HIPPOLYTE BAILLIÈRE	C. BAILLY-BAILLIÈRE	BAILLIÈRE BROTHERS

LEIPZIG. E. JUNG-TREUTTEL, QUERSTRASSE, 10

1864

BALDOU. **Instruction pratique sur l'hydrothérapie**, étudiée au point de vue : 1º de l'analyse clinique ; 2º de la thérapeutique générale ; 3º de la thérapeutique comparée ; 4º de ses indications et contre-indications. *Nouvelle édition.* Paris, 1857. In-8 de 691 pages...................................... 5 fr.

CARRIÈRE. **Le climat de l'Italie**, sous le rapport hygiénique et médical, par le docteur Ed. Carrière. 1 vol. in-8 de 600 pages. Paris, 1849.. 7 fr. 50

Cet ouvrage est ainsi divisé : Du climat de l'Italie en général, topographie et géologie, les eaux, l'atmosphère, les vents, la température. — *Climatologie méridionale de l'Italie :* Salerne, Caprée, Massa, Sorrente, Castellamare, Torre del Greco, Resina, Portici, rive orientale du golfe de Naples, climat de Naples; rive septentrionale du golfe de Naples (Pouzzoles et Baïa, Ischia), golfe de Gaète. — *Climatologie de la région moyenne de l'Italie :* Marais-Pontins et Maremmes de la Toscane : climat de Rome, de Sienne, de Pise, de Florence. — *Climat de la région septentrionale de l'Italie :* Venise, Milan et les lacs, Gênes, Menton et Villefranche, Nice, Hyères.

Ouvrage couronné par l'Institut de France.

Dictionnaire général des eaux minérales et d'hydrologie médicale, comprenant la géographie et les stations thermales, la pathologie thérapeutique, la chimie analytique, l'histoire naturelle, l'aménagement des sources, l'administration thermale, etc., par MM. Durand-Fardel, inspecteur des sources d'Hauterive à Vichy, E. Le Bret, inspecteur des eaux minérales de Baréges, J. Lefort, pharmacien, avec la collaboration de M. Jules François, ingénieur en chef des mines, pour les applications de la science de l'Ingénieur à l'hydrologie médicale. Paris, 1860. 2 forts volumes in-18 de chacun 750 pages.......................... 20 fr.

Ouvrage couronné par l'Académie de médecine.

FARINA. **Menton. Essai climatologique sur ses différentes régions**, par le docteur J. F. Farina, docteur-médecin, médecin et chirurgien de la ville et de l'hôpital de Menton. Paris, 1863. In-18 de 72 pages.......................... 1 fr. 25

FONSSAGRIVES. **Hygiène alimentaire des malades, des convalescents et des valétudinaires**, ou Du régime envisagé comme moyen thérapeutique, par le docteur J. B. Fonssagrives, médecin en chef de la marine, professeur de thérapeutique générale à l'École de médecine de Brest, etc. Paris, 1861. 1 vol. in-8 de 660 pages.. 8 fr.

GIGOT-SUARD. **Des climats sous le rapport hygiénique et médical.** Guide pratique dans les régions du globe les plus propices à la guérison des maladies chroniques, France, Suisse, Italie, Algérie, Égypte, Espagne, Portugal, par le docteur L. Gigot-Suard, médecin consultant aux eaux de Cauterets. Paris, 1862. In-18 jésus, xxi-607 pages, avec une planche lithographiée. 5 fr.

HEIDENHAIN et EHRENBERG. **Exposition des méthodes hydriatriques de Priesnitz**, dans les diverses espèces de maladies, considérées en elles-mêmes et comparées avec celles de la médecine allopathique, par les docteurs H. Heidenhain et Ehrenberg. Paris, 1842. In-18. *Au lieu de* 3 fr. 50.... 1 fr. 50

HERPIN. **De l'acide carbonique**, de ses propriétés physiques, chimiques et physiologiques ; de ses applications thérapeutiques comme anesthésique, désinfectant, cicatrisant, résolutif, etc., par J. Ch. HERPIN, de Metz, docteur en médecine. Paris, 1864. In-18, xii-564 pages.. 6 fr.

LECONTE. **Études chimiques et physiques sur les eaux thermales de Luxeuil.** Description de l'établissement et des sources, par M. le docteur LECONTE, professeur agrégé à la Faculté de médecine de Paris. Paris, 1860. In-8, 184 pages... 3 fr. 50

LEE. **Nice et son climat,** par EDWIN LÉE, docteur-médecin, membre correspondant ou honoraire des Académies et Sociétés de médecine de Paris, Berlin, Munich, Madrid, etc. *Deuxième édition*, refondue et augmentée d'une notice sur Menton et des observations sur l'influence du climat et des voyages sur mer dans la phthisie pulmonaire. Paris, 1863. 1 vol. in-18 de 168 pages.... 2 fr. 50

MUNDE. **Hydrothérapeutique**, ou l'Art de prévenir et de guérir les maladies, sans le secours des médicaments, par l'eau, la sueur, le bon air, l'exercice, le régime et le genre de vie, par le docteur CH. MUNDE. Paris, 1842. 1 volume grand in-18. *Au lieu de* 4 fr. 50.. 2 fr.

PIETRA-SANTA (P. DE). **Les climats du midi de la France.** La Corse et la station d'Ajaccio, mission scientifique ayant pour objet d'étudier l'influence des climats sur les affections chroniques de la poitrine. Paris, 1864. In-8, 256 pages, avec une vue d'Ajaccio.. 4 fr. 50

PORGES. **Carlsbad, ses eaux thermales.** Analyse physiologique de leurs propriétés curatives et de leur action spécifique sur le corps humain, par le docteur G. PORGES, médecin praticien à Carlsbad. Paris, 1858. In-8, xxxii-244 pages............. 4 fr.

RIBES. **Traité d'hygiène thérapeutique,** ou Application des moyens de l'hygiène au traitement des maladies, par FR. RIBES, professeur d'hygiène à la Faculté de médecine de Montpellier. Paris, 1860. 1 vol. in-8 de 828 pages................... 10 fr.

SCOUTETTEN. **De l'Électricité**, considérée comme cause principale de l'action des eaux minérales sur l'organisme, par H. SCOUTETTEN, docteur et professeur en médecine, membre du Conseil central d'hygiène et de salubrité publique de la Moselle, membre correspondant de l'Académie impériale de médecine. Paris, 1864. 1 vol. in-8, xii-450 pages, avec figures................ 6 fr.

TARDIEU. **Dictionnaire d'hygiène publique et de salubrité,** ou Répertoire de toutes les questions relatives à la santé publique, considérées dans leurs rapports avec les subsistances, les épidémies, les professions, les établissements et institutions d'hygiène et de salubrité, complété par le texte des lois, décrets, arrêtés, ordonnances et instructions qui s'y rattachent, par le docteur Ambroise TARDIEU, doyen et professeur de médecine légale à la Faculté de médecine de Paris, médecin des hôpitaux, membre du comité consultatif d'hygiène publique. *Deuxième édition, considérablement augmentée.* Paris, 1862. 4 forts vol. gr. in-8. 32 fr.

   Ouvrage couronné par l'Institut de France.

·DU CHOIX

D'UNE STATION D'HIVER

ET EN PARTICULIER

DU CLIMAT D'ANTIBES

CORBEIL. — Typ. et stér. de CRÉTÉ

DU CHOIX
D'UNE STATION D'HIVER

ET EN PARTICULIER

DU CLIMAT D'ANTIBES

ÉTUDES PHYSIOLOGIQUES, HYGIÉNIQUES ET MÉDICALES

PAR

A. BERGERET

(DE SAINT-LÉGER SUR DHEUNE),

Docteur en médecine, élève lauréat des hôpitaux de Paris.

Vitam impendere vero.

PARIS

J. B. BAILLIÈRE ET FILS

LIBRAIRES DE L'ACADÉMIE IMPÉRIALE DE MÉDECINE,

Rue Hautefeuille, 19.

Londres	Madrid	New-York
HIPPOLYTE BAILLIÈRE	C. BAILLY-BAILLIÈRE	BAILLIÈRE BROTHERS

LEIPZIG. E. JUNG-TREUTTEL, QUERSTRASSE, 10

1864

A

M. CHARLES ROBIN

PROFESSEUR D'HISTOLOGIE A LA FACULTÉ DE MÉDECINE DE PARIS

MEMBRE DE L'ACADÉMIE DE MÉDECINE, ETC., ETC.

Témoignage de reconnaissance pour ses savantes
leçons de philosophie médicale.

INTRODUCTION

L'hygiène se pratique aujourd'hui avec un peú plus de discernement qu'autrefois; aussi voyons-nous la vie moyenne augmenter incessamment. De 22 ans qu'elle était il y a peu d'années, de 29 ans qu'elle était cès années dernières, elle est actuellement, en France, de 36 ans et demi.

L'assainissement des villes et des campagnes se traduit par un accroissement de la longévité. M. Devinck l'a démontré (1).

De ce que Paris est assaini et de ce que la vie moyenne y a augmenté, de ce que bien des villes de province, bien des campagnes se sont assainies, ne reste-t-il plus rien à faire en France? Sommes-nous à l'apogée de la longévité? Je ne le crois pas. Je crois au contraire que nous ne faisons qu'entrer dans cette voie du progrès et que l'âge moyen peut monter encore de bien des années.

(1) Rapport sur la ville de Paris.

L'assainissement de Paris est loin de suffire à la France. Paris ne représente que $\frac{1}{26}$ de la population française. Pour les $\frac{25}{26}$ restants, il n'y a presque rien de fait. Les travaux d'assainissement restants ne pourront être exécutés que par bien des siècles de travail. Du reste, toute la France fût-elle assainie, qu'en dehors de cette cause de salubrité, il resterait encore beaucoup à faire ; comme, par exemple, le changement de climat pour les gens en souffrance, en consomption. Il faut à la France une géographie médicale (1).

M. Flourens, dans un remarquable ouvrage (2), a cru, par des considérations parfaitement exactes, devoir accorder à l'homme une longévité centenaire. Hæser, savant prussien, conclut comme M. Flourens.

En France, malgré la vie humaine actuelle de 36 ans et demi, un cinquième de la population meurt de phthisie pulmonaire. Ajoutez à la tuberculose, la scrofule si fréquente aujourd'hui, qu'on ne prend plus assez de morues pour faire de l'huile pour les scrofuleux ; aussi l'État, tous les ans, a-t-il beaucoup de peine à trouver son contingent en sujets sains. Ce prélèvement de l'État, en privant la France de ses sujets valides, ne fait qu'augmenter cet état de consomption générale.

M. Jules Simon, dans son admirable discours sur la

---

(1) Je ferai paraître bientôt un travail sur ce sujet.
(2) *De la longévité humaine et de la quantité de vie sur le globe.* Paris, 1860.

liberté du travail, au Corps législatif, dit : que les enfants soumis à huit heures de travail restent malingres, étiolés, et que si, au contraire, ils n'étaient soumis qu'à six heures de travail au lieu de huit, ces enfants se développeraient, deviendraient forts, intelligents, bons pour le service de l'industrie et, j'ajoute, de la patrie.

Ce que dit M. Jules Simon est généralement vrai : le travail manuel exagéré nuit au développement physique de l'enfant. Mais le défaut de lumière et l'air confiné qu'il respire, bien plus encore que le travail exagéré, sont causes de son étiolement physique. Je crois être assez heureux pour le démontrer dans le cours de ce petit travail. Quant à l'étiolement intellectuel produit sur l'intelligence des enfants par ce travail exagéré, je ne suis pas de son avis.

Il y a un dit-on populaire qui a son mérite : « Il est trop malin pour vivre. » Ce dit-on est l'expression d'une grande loi de la nature : « Tout être doit se reproduire avant de mourir. » Un être végétal, un pommier, un poirier dont la végétation est misérable, dont l'écorce est fendillée, remplie de callosités, sur le tronc duquel pousse la mousse, un poirier qui souffre, en un mot, se couvre de fleurs et de fruits. Il donne toute sa séve pour amener à maturité des fruits qui restent étiolés, qui sèchent sur l'arbre et meurent avec lui.

Chez l'homme, c'est exactement comme chez l'être végétal.

L'être humain phthisique, en souffrance, qui meurt à vingt ans, passe par toutes les phases du développement physique et intellectuel de l'homme qui vit cent ans. Ces phases se succèdent rapidement ; elles ne sont qu'é-bauchées. Son intelligence est surtout remarquable par sa précocité. On est frappé par les reparties spiri-tuelles, par les réflexions d'un autre âge que fait l'enfant languissant. S'il ne succombe pas enfant, s'il traîne quelques années son existence malheureuse, la fonction génésique, la fonction de conservation de l'espèce, se montre de très-bonne heure. La nature semble se hâter de mettre cet être misérable à même de pouvoir se re-produire. Tout le monde connaît l'aptitude génésique précoce des phthisiques.

Que l'étiolement de la constitution physique pro-vienne d'un travail exagéré ou qu'il provienne d'une ma-ladie constitutionnelle, l'intelligence n'en souffre pas.

Je crois donc que l'étiolement physique, qu'il pro-vienne de telle ou telle autre cause, ne diminue pas l'intelligence de l'être en souffrance ; elle est plus pré-coce et tout aussi étendue, sinon plus développée, chez les enfants qui travaillent huit heures, que chez les enfants qui vivent en pleine liberté.

Dans le cours de ce petit travail, j'examinerai quel-ques-unes des causes d'affaiblissement, d'épuisement des constitutions, et j'indiquerai le remède à y ap-porter.

Hippocrate, dont le *Traité des airs, des eaux et des lieux* doit être le bréviaire du médecin, dit « Dans « les êtres vivants les âges ressemblent aux saisons et « aux années (1). »

Si je comprends bien ce passage d'Hippocrate, la vieillesse représente l'hiver, les frimas. Elle est soumise à toutes les affections hivernales : catarrhe, douleur, refroidissement, etc., etc. Le vieillard ressemble à un être à température variable (animal à sang froid). Ce qui convient au vieillard, c'est un soleil bien chaud.

Or, un jeune sujet faible, en langueur, avec une constitution épuisée par la maladie représente, lui aussi, une vieillesse momentanée; il représente le froid, l'hiver. Il lui faut des toniques. Or, le meilleur tonique, le premier tonique, c'est la chaleur, c'est le soleil.

Les eaux minérales s'adressent toutes à une humeur ou à un organe déterminés. Les toniques, la lumière et le soleil indispensables à la végétation, au développement des êtres s'adressent à toutes les constitutions affaiblies par la maladie, ou héréditairement faibles. Chacune des eaux minérales peut guérir un organe déterminé des appareils des fonctions de la conservation de l'individu; mais un organe de ces appareils n'est

(1) *OEuvres complètes*, trad. nouvelle avec le texte grec en regard, par E. Littré. Paris, 1846, t. V p. 493, *Des humeurs*, 12.

presque jamais malade sans que les organes supplémentaires ou adjuvants de ces mêmes fonctions soient
eux-mêmes en souffrance, sans que la nutrition en un
mot soit troublée, sans qu'il y ait besoin d'un agent
général de réparation qui ne peut être que le soleil. Il
est bien entendu que le soleil n'exclut pas les toniques
spéciaux.

Tout homme en langueur doit changer les conditions habituelles de sa vie. Si sa convalescence arrive
en automne, il doit éviter l'hiver et aller chercher le
soleil dans une station convenable. Antibes est la station que je mets à la tête des stations hivernales fran-
çaises. Je le démontrerai dans ce petit ouvrage.

Antibes, à lui seul, réunit toutes les conditions hygiéniques désirables, ce qui ne se rencontre dans aucune autre station.

Les vents n'y sont jamais incommodants; ils sont
toujours suffisants pour renouveler l'air deux fois par
vingt-quatre heures et pour chasser les émanations délétères qui peuvent se dégager des petites rues sales et
étroites de son quartier haut. Les eaux sont excellentes, ce sont les meilleures des stations hivernales
voisines. Le sol est volcanique. Il n'y a pas de rivière.
L'alluvion est formée par des débris plutoniens. Les
lieux sont donc très-sains par leur constitution géologique. Ils ne le sont pas moins par leur disposition
en monticules et en vallées très-rapprochés qui ser-

vent à l'égouttement et à l'abritement réciproques.

Le climat d'Antibes est le meilleur de tous les pays environnants. Les médecins de la ville disent qu'il n'y a ni scrofule ni phthisie dans Antibes. Je ne me suis pas aperçu de l'existence de ces redoutables fléaux ; mais je crois cependant qu'il y a de l'exagération dans cette assertion. L'existence de ces maladies n'ôterait rien à l'admirable influence médicatrice du climat; car tout est relatif pour l'homme. Pour les habitants du nord ou du centre de la France, le climat d'Antibes est incomparable pour rétablir leur constitution affaiblie. Pour les Antibois affaiblis, ils ont besoin d'un climat plus chaud que celui de leur pays.

J'entends déjà, et moi-même je provoque cette objection toute naturelle : comment se fait-il qu'Antibes qui réunit toutes les conditions sanitaires des stations hivernales, soit inconnu des médecins et des malades?

Le pourquoi Antibes est resté jusqu'alors inconnu des médecins et des malades, c'est l'aspect triste de cette ville forte; c'est sa garnison, c'est le petit nombre des villas en dehors de son enceinte; car le génie a des zones, et tout ce qui est sous le canon de la place ne peut être construit; c'était la fermeture de la ville à une heure fixe. Tout habitant hors de la ville ne pouvait rentrer chez lui passé une certaine heure.

Ces conditions ont heureusement changé. Aujourd'hui la place reste ouverte toute la nuit. Des villas s'édifient sur tous les mamelons environnants.

Maintenant que l'on commence à renoncer aux idées de Gui Patin systématisées par Broussais, maintenant que l'on est moins polypharmaque et que l'on fait un peu plus de médecine expectante, maintenant que l'on observe plus qu'on n'agit, on commence à faire pour les hommes ce que, depuis longtemps déjà, les jardiniers font pour les plantes. Quand une plante rare, exotique, souffre, végète misérablement, ils lui donnent une exposition meilleure, et, pendant l'hiver, ils l'abritent dans une serre chaude bien éclairée, etc.

On a compris que les sujets dont la constitution est faible ou affaiblie, que les tempéraments débilités par les maladies méritaient autant de considération qu'une plante, on commence à les envoyer dans le Midi. Malheureusement l'homme n'est pas toujours très-raisonnable, il suit plus souvent, dans son *transplantement*, le courant de la mode, que le chemin qui lui convient. La mode et les distractions ont ordinairement plus d'empire sur sa détermination que la nécessité et la convenance.

Les véritables malades ne trouveront nulle part un climat préférable, je veux dire aussi bon et aussi salutaire qu'à Antibes.

Mais, me dira-t-on, puisqu'Antibes était inconnu des médecins aussi bien que des malades, comment se fait-il que vous soyez allé dans cette ville? Je vais répondre sans honte à cette nouvelle objection. Je dois dire de suite qu'au moment de partir, de Saint-Léger sur Dheune, pour le Midi, on aurait très-bien pu m'appliquer le bon mot de M. Thiers sur le congrès européen : Autrefois on voyait les malades demander des consultations, maintenant on verra les malades consulter.

Avant de quitter Saint-Léger sur Dheune pour aller dans le Midi, j'avais lu les principaux ouvrages des médecins sur les stations hivernales, j'en étais arrivé à ne plus savoir où me diriger. Je pris alors des renseignements près des personnes qui vont habituellement passer l'hiver dans le Midi ; mon embarras ne fut pas moins grand après mes informations prises. Les unes m'engageaient à aller à Nice, à Menton, à Pau, etc.; les autres plaidaient en faveur d'Hyères, de Cannes, de Grasse, etc. Je suis venu à Antibes qui se trouve précisément placé au centre de ces différentes stations.

Le hasard fit que, quelques jours avant de partir, je parlai du Midi avec le gendre de ma voisine de campagne. C'est un officier supérieur qui a été en garnison à Antibes. Il est actuellement commandant au 2e de l'école spéciale de Saint-Cyr. Cet officier, en deux mots, me détermina à venir à Antibes.

Nice, me dit-il, est une ville fort jolie, fort agréable, ses quartiers neufs sont fort beaux ; mais outre que ce pays regorge d'étrangers, et que les loyers et

1.

la vie y sont d'un prix exorbitant, Nice est ouvert au nord par la gorge où coule le Paglion, et par le lit de ce torrent arrive souvent sur la ville un vent du nord excessivement froid, qui produit des variations brusques de température très-désagréables pour les gens en bonne santé, et par conséquent funestes ou tout au moins nuisibles pour les malades.

Menton est à la mode cette année. Le pays est trop petit pour loger tous les étrangers.

Cannes est une ville charmante, sa promenade est belle, spacieuse, mais la vie y est chère. Cette belle promenade, elle-même, a ses incommodités ; par le temps sec, quand le vent souffle, ce qui est habituel, on est aveuglé par la poussière ; et, quand il pleut, on a de la boue jusqu'à mi-jambe. Mais le plus grand désagrément, c'est que l'eau y est détestable, saumâtre, imbuvable au bout d'un certain temps qu'elle est puisée. De plus, la ville ne reçoit pas le soleil couchant.

Allez à Antibes, me dit-il : le pays est inconnu des malades, mais moi qui l'ai habité et qui connais toutes les autres stations hivernales, je le regarde comme le plus favorable aux véritables malades. A Antibes, me dit-il, vous n'aurez pas beaucoup de distractions, mais vous y guérirez plus certainement qu'ailleurs ; vous aurez les plus belles promenades des bords de la mer et de la campagne. Avec le chemin de fer vous irez en quelques minutes à Cannes ou à Nice, étant à une dizaine de kilomètres de Cannes et à vingt de Nice.

Ainsi, on le voit, c'est le hasard, ce dieu des bonnes fortunes, qui m'a conduit à Antibes.

Je dois quelques mots de reconnaissance à ce charmant pays. Je souhaite que ces quelques mots servent aux pauvres souffreteux. Qu'ils leur rendent le hasard moins hasardeux ; car ce dieu puissant joue, quelquefois, des tours cruels à ceux qui s'y fient.

Je suis venu à Antibes pour rétablir la santé de ma femme et la mienne propre. J'y ai eu la compagnie d'une jeune dame, de son mari et d'un jeune parent. Nous étions tous très-malades, et nous nous en allons tous guéris. Je donnerai ici l'histoire de cette jeune dame, qui, sans le vivifiant soleil d'Antibes, serait encore dans son lit. L'histoire de son mari n'est pas moins intéressante pour démontrer l'action puissante du soleil sur le rhumatisme articulaire aigu.

DU CHOIX

D'UNE

STATION D'HIVER

PREMIÈRE PARTIE

PHYSIOLOGIE.

FAITS PHYSIOLOGIQUES POUR SERVIR A L'HISTOIRE DES DIFFÉRENTS ÉTATS D'ÉPUISEMENT QUI RÉCLAMENT LE SÉJOUR DES STATIONS HIVERNALES.

Je vais essayer de démontrer que les maladies des organes des appareils des fonctions de conservation de l'individu, ou de la nutrition, ont toutes pour résultat le *refroidissement* de l'organisme.

Pour arriver à cette démonstration, j'ai plusieurs études à faire :

1° Jeter un coup d'œil rapide sur les fonctions de la nutrition, et les expliquer ;

2° Dire ce que c'est que la chaleur animale ;

3° Examiner les causes qui produisent des troubles

dans les fonctions de conservation de l'individu ; envisager chaque fonction séparément et étudier ses maladies;

4° Étudier la nutrition qui nous servira en même temps de résumé.

Avant de passer à l'étude de ces sujets si différents, je dois dire que le refroidissement de l'organisme se produit normalement, sans maladies, chez le vieillard ; car si en bonne santé, dans l'acte de la nutrition, pendant les vingt ou vingt-cinq premières années de notre vie, l'assimilation l'emporte sur la désassimilation, dans les vingt ou vingt-cinq dernières années le phénomène inverse se produit sans maladie, mais par simple cessation de propriété nutritive des éléments anatomiques.

Aussi Hippocrate compare les âges à des saisons (1). Pour Hippocrate la vieillesse représente l'hiver. Or, pendant l'hiver, la nature est endormie, la végétation est arrêtée, les organes des plantes ne fonctionnent que d'une manière latente; la vie des arbres ne se manifeste que par une température un peu au-dessus du milieu ambiant. Le soleil change cet état de mort apparente; sous son influence les plantes végètent, croissent, se nourrissent, se couvrent de fleurs et de fruits.

Pour moi, la maladie, la langueur, l'épuisement, c'est la vieillesse ! Que le malade ne croie pas qu'il y ait de

_____

(1) *Des humeurs*, 12. (*Œuvres complètes*, trad. E. Littré, tome V, p. 493.)

l'exagération dans ce que je soutiens ; c'est l'expression de la vérité. En effet, un jeune sujet épuisé, dont les fonctions de conservation de l'individu sont troublées, chez qui la nutrition est incomplète, voit ses cheveux tomber, ses dents se gâter, sa peau se rider, le refroidissement le gagner ; il est toujours gelé, c'est un jeune vieillard !

Cette vieillesse ne doit être que momentanée, si des soins convenables sont donnés au malade ; elle devient permanente et marche vite à une solution fatale, si le malade n'est pas mis dans les conditions que réclame sa constitution épuisée.

Le jeune vieillard représente l'hiver, chez lui aussi la nutrition est en quelque sorte latente ; il faut réveiller, exciter, tonifier les organes des appareils des fonctions de conservation de l'individu. A cet hiver momentané, à cette gelée de printemps, nous donnerons la chaleur, le soleil ; car le soleil est le meilleur, le premier des toniques. Le soleil est le foyer universel qui donne la chaleur à la température voulue pour ranimer tous les êtres en souffrance.

Les êtres animés, quand les fonctions de la nutrition ont été peu troublées, voient souvent leur santé revenir sous l'influence des toniques radicaux ; mais quand la nutrition a été profondément troublée, le soleil est indispensable pour ranimer, exciter, révivifier toutes les fonctions dont je viens de parler. Laissez par exem-

ple une scrofule ou une phthisie acquise, dans le milieu où se sera développé cet état nosologique par suite
du trouble de la nutrition ; donnez au sujet ainsi malade
tous les toniques spéciaux que vous jugerez convenables,
donnez-lui de l'huile de morue, autant et aussi longtemps que vous voudrez; presque certainement, il res-
tera scrofuleux ou phthisique. Ajoutez, au contraire, à
vos toniques spéciaux, diffusibles, une insolation di-
recte, immédiate sur la peau, sur les engorgements, et
vous les verrez fondre comme de la glace. Le soleil
vaut mieux que tous les toniques radicaux, spéciaux et
diffusibles. Que le malade n'entende pas que le soleil
seul suffit; on ne se nourrirait pas avec des rayons solaires ; mais, toutes choses égales d'ailleurs, le soleil seul
vaut mieux que les toniques spéciaux seuls.

Il n'est pas besoin que j'entre dans un bien grand
développement, pour faire comprendre que plus les
êtres sont élevés dans l'échelle de la création, plus les
causes nosologiques sont nombreuses pour eux.
L'homme, qui repose sur le premier échelon, parce qu'il
est le plus parfait des êtres créés, a, par ce fait même,
des causes plus nombreuses de maladies. Dirai-je que
la vie en société, que les exigences sociales sont des
causes de maladies? dirai-je que la perfectibilité relative, ou, pour mieux m'exprimer, que les classes élevées
de la société sont plus souvent malades que les classes
ouvrières? Tout le monde le sait.

CHAPITRE Ier

DES FONCTIONS DE NUTRITION.

Qu'est-ce que les fonctions de conservation de l'individu? Ce sont les fonctions à l'aide desquelles notre individu, notre corps, notre organisme croît, se développe et s'entretient dans l'état de santé. Si ces fonctions sont troublées, notre santé l'est également.

Ces fonctions sont : La digestion, la circulation, la respiration, l'urination, la sudorification.

Le malade, qui a sans doute des connaissances physiologiques, sera peut-être surpris de voir figurer deux nouvelles fonctions : l'urination et la sudorification, dans les fonctions de conservation de l'individu. En effet, dans les livres de physiologie, la nutrition n'est représentée que par les trois premières fonctions primordiales que je viens de transcrire. M. le professeur Charles Robin (1) y a ajouté l'urination, et il a donné les motifs de cette addition. J'y ajoute de mon côté la sudorification ou plutôt la fonction cutanée et

---

(1) *Dictionnaire de médecine* de Nysten, XIIe édition. Paris, 1865, art. *Urination.*

je donnerai mes raisons dans le cours de ce travail.

Ces fonctions, je les appellerai primordiales. L'intégrité de ces fonctions a comme résultat la nutrition.

La nutrition est une propriété vitale des tissus, des éléments anatomiques. La nutrition quelquefois caractérise à elle seule la vie. Quand la nutrition cesse, la vie cesse.

Le trouble de la nutrition produit un refroidissement de l'organisme. Ce refroidissement organique donne la mort à 24°9 ; car à ce degré la nutrition cesse.

La *digestion* fournit au sang les matériaux nécessaires à l'entretien de la nutrition.

La *circulation* porte le sang à tous les organes, à tous les tissus, à tous les éléments anatomiques pour que la nutrition se fasse.

La *respiration* révivifie le sang, donne au sang un gaz, l'oxygène, et élimine du sang un autre gaz, l'acide carbonique. Elle a donc une triple fonction : elle régénère, elle fournit et elle élimine.

L'*urination* débarrasse le sang des matériaux qui ont servi, qui sont impropres à l'entretien de la vie, l'urée.

La *sudorification* débarrasse l'économie, le sang, dis-je, de gaz, d'eau et de chlorure de sodium, qui sont devenus impropres à l'entretien de la vie.

Ainsi en examinant les fonctions primordiales de la nutrition, nous voyons : qu'il y a deux fonctions qui servent à réparer constamment les pertes que fait le sang en nourrissant les éléments anatomiques : la digestion, qui fournit au sang les matériaux liquides et solides dissous, la respiration, qui fournit au sang le matériel gazeux, l'oxygène qui est indispensable pour que l'acte chimique nutritif élémentaire de composition et de décomposition ait lieu.

Il y a une fonction de transport du sang, où besoin d'organique, besoin de réparation, d'entretien vital se fait sentir, c'est la circulation.

Il y a trois fonctions pour débarrasser le sang des matériaux qui ont servi, des matériaux devenus impropres et qui pourraient altérer la composition normale et nutritive du sang. Ce sont : la respiration, qui rejette l'acide carbonique qui s'est produit par l'acte chimique de l'assimilation et de la désassimilation nutritive, en produisant de la chaleur et de l'électricité ; l'urination, qui débarrasse l'économie des produits azotés et minéraux de la désassimilation ; et la sudorification, qui débarrasse aussi l'économie des sels de soude et de l'eau.

En poursuivant notre examen, nous reconnaissons qu'il n'y a que deux fonctions pour donner les produits, les matériaux propres à l'assimilation, à la composition, tandis qu'il y en a trois pour débarrasser le sang des matériaux devenus impropres. Les deux premières, que je nomme assimilatrices, sont : la digestion et la respiration ; les trois dernières, que je nomme désassimilatrices sont : la respiration, l'urination, la sudorification Il est

vraiment surprenant que les physiologistes, jusqu'à ces
dernières années, jusqu'à aujourd'hui, ne se soient occupés que des fonctions assimilatrices et aient passé
sous silence les fonctions désassimilatrices, tandis que
l'organisme prend tant de soin pour se débarrasser des
matériaux devenus impropres à l'entretien de la vie,
des matériaux qui ont déjà servi.

Je pense donc, en attirant l'attention sur la sudorification, être assez heureux pour démontrer son utilité
vitale.

L'Organisateur universe la été d'une prévoyance vraiment admirable, surtout pour débarrasser l'organisme,
le sang, dis-je, de tout ce qui pourrait l'altérer, le rendre impropre à entretenir la vie, à servir à la nutrition,
à produire la chaleur animale. Il a rendu toutes les
fonctions adjuvantes ou supplémentaires les unes des
autres. Je vais donner à cet égard une petite explication, car je reviendrai plusieurs fois sur ce sujet. Je suppose que l'urination ne se fasse pas bien, immédiatement la peau, les poumons, le tube intestinal, suppléent
à cette fonction troublée ou supprimée en partie : la
sueur coule avec plus d'abondance, rejette des sels en
plus grande quantité, l'estomac se remplit de glaires
d'eau; il survient du dévoiement; le poumon rejette
plus de vapeur d'eau.

Il n'y a que le cœur qui est le principal organe de
la fonction de circulation dont la suppléance organique

soit moins appréciable : car cette suppléance ne se fait remarquer que par plus de rapidité dans la circulation du sang : cette rapidité plus grande augmente la pression sur les parois vasculaires. Or, la pression augmentant, la transsudation ou l'élimination est plus considérable (voy. page 35, note).

De toutes ces fonctions, il y en a une qui a un triple rôle : c'est la respiration, elle est assimilatrice, réparatrice et désassimilatrice. Elle absorbe de l'oxygène, elle rend propres des matériaux inutilisés ou repris par les lymphatiques dans les magasins de l'économie, elle expulse l'acide carbonique. Les poumons, à cause de cette triple fonction, sont très-souvent malades. Les organes à doubles fonctions, comme la gorge et l'urèthre, le sont plus souvent que les organes à fonction unique ; les poumons, qui remplissent trois fonctions, le sont donc plus souvent encore.

CHAPITRE II

Avant de parler du refroidissement de l'organisme, il me semble indispensable de dire ce que c'est que la chaleur animale. Le malade ne s'attend pas évidemment à ce que je lui fasse l'historique de cette longue question. Si elle l'intéresse, il pourra en trouver une très-belle exposition dans l'ouvrage de M. le professeur Gavarret (1). La question de la chaleur animale a toujours préoccupé les physiologistes.

Hippocrate la croyait innée (*calidum innatum*) (2), Galien, lui, en croyait la source au cœur.

On a placé un peu partout la source de la chaleur. Pendant la période chimique, on a cru que c'était dans les poumons que la calorification animale avait lieu. L'expiration d'acide carbonique avait fait supposer que l'oxygène atmosphérique, en brûlant le carbone du sang dans les poumons, produisait cette chaleur.

Priestley s'était aperçu, vers la fin du siècle dernier,

(1) *Physique médicale; De la chaleur.*
(2) *OEuvres complètes*, trad. E. Littré.

que les animaux viciaient l'air par la respiration, comme le fait une bougie ; il appelait le produit de l'expiration acide crayeux, air fixe.

Lavoisier, Dulong, Despretz, Regnault, etc., tous ces chimistes étudièrent cette question.

Dans les derniers temps Fabre et Silbermann étaient arrivés à se rendre compte de toute la chaleur animale, ils étaient arrivés à trouver qu'elle est égale à la somme des calories du carbone et de l'hydrogène brûlés dans le poumon.

Il y a huit ou dix ans MM. Claude Bernard et Walferdin(1) se dirent : si la théorie chimique est vraie, le sang artériel est plus chaud que le sang veineux. Que firent-ils pour s'en assurer? Ils portèrent directement un thermomètre dans la cavité droite et dans la cavité gauche du cœur. Que constatèrent-ils? Que le sang veineux est plus chaud que le sang artériel ! Quand ces savants annoncèrent, après maintes épreuves, leur résultat, il y eut grande rumeur. Tout l'échafaudage chimique était renversé. Que faire contre la brutalité d'un thermomètre? Constater et reconnaître son erreur.

Dans l'antiquité, Aristote avait dit que les chiens qui courent, respirent vite pour rafraîchir leur sang ; il avait raison.

_____

(1) Cl. Bernard, *Leçons sur les propretés physiologiques et les altérations pathologiques des liquides de l'organisme.* Paris, 1859, tome I, p. 63.

Galien avait dit aussi que la respiration rafraîchissait le sang.

Mais toutes ces assertions étaient regardées comme de simples vues de l'esprit ; elles n'ôtent rien à la belle découverte de MM. Cl. Bernard et Walferdin.

Disons maintenant ce que c'est que la chaleur animale.

La température du sang d'un mammifère, compatible avec la vie, est de 24°9, minimum et de 44° rarement 45°, maximum ; tandis que ce maximum de 44° est la température normale du sang des petits oiseaux.

La température normale du sang d'un mammifère varie entre 39°,5 et 40°,5, au cœur droit où le sang est le plus chaud de l'économie après le foie.

Mais, me demandera-t-on, puisque ce n'est pas dans les poumons que se produit la chaleur animale, où se produit-elle donc ? La chaleur du sang est le résultat de la nutrition ; elle se produit dans la cellule organique même, par l'acte chimique du double mouvement de composition et de décomposition ou d'assimilation organique et de désassimilation organique, si le malade aime mieux ces termes. C'est surtout à la périphérie, à la peau, que la calorification a lieu.

Toute combinaison chimique produit de la chaleur et de l'électricité. Or, dans notre organisme, il y a quinze corps simples environ qu'on rencontre normalement, sans compter ceux qu'on y trouve accidentellement. Ces

corps, par leurs combinaisons binaires, ternaires, quaternaires, forment les principes immédiats du sang et de
nos tissus. La plupart de ces principes immédiats, sinon
tous, sont formés dans l'organisme vivant, puisqu'il y
en a d'insolubles et de solides, et que, dans l'organisme
seulement, se trouvent les conditions nécessaires à leur
formation. Ces principes sont soumis à des transforma-
tions incessantes par le fait de l'élection nutritive de nos
éléments anatomiques et par le fait des sécrétions glan-
dulaires.

Telle est la source de la calorification du sang, et l'on
conçoit que ce doit être le sang veineux qui est le plus
chaud, puisque c'est lui qui rapporte au cœur, en venant se révivifier aux poumons, les produits de la décomposition organique nutritive.

Comme je parlerai encore de l'acte chimique en trai-
tant de la nutrition, je ne m'étendrai pas davantage sur
ce sujet. Il suffit d'avoir bien compris que la chaleur peut
aller de 24°,9, à 44°, et qu'elle est le résultat de l'acte de
la nutrition. Nous comprendrons facilement maintenant
que les maladies des appareils et des organes des fonctions primordiales de la nutrition, en troublant celle-
ci, produisent le refroidissement de l'organisme.

CHAPITRE III

La question que je vais examiner forme le côté au-
toptique (1) du refroidissement organique.

Le malade ne s'attend pas à ce que j'étudie avec lui
toutes les causes de maladies des appareils des fonctions
primordiales de la nutrition.

Nous n'avons qu'à envisager rapidement les principales et les plus fréquentes causes et à démontrer comment elles troublent la nutrition et produisent le refroidissement de l'organisme.

Dans l'examen de ces causes, nous envisagerons
tous les appareils successivement, mais dans l'ordre
qui nous paraîtra le plus convenable pour faire voir
comment se produit le trouble de la nutrition.

1° Le froid humide me paraît la cause qui produit
le plus souvent des troubles dans les fonctions de nu-

(1) Ampère, *Philosophie des sciences*, t. I, p. 40.

trition, ce sera la première cause que nous examine-rons. Le froid humide supprime la fonction cutanée.

2° La malpropreté et l'excès de propreté de la peau ;

3° La privation de lumière et le défaut d'insolation ;

4° Les vêtements impropres, par leur nature, par leur forme, par leur couleur;

5° Une nourriture insuffisante ;

6° Les pertes sanguines abondantes et répétées;

7° Les suppurations abondantes ;

8° La dysenterie;

9° Les longues maladies, pendant lesquelles il y a eu des pertes considérables, dévoiement, diarrhée;

10° Les maladies de l'appareil circulatoire;

11.° Les maladies des reins (néphrite albumineus e). Les maladies des autres appareils étant envisagées dans l'é-tude des causes précédentes, je n'en parlerai pas. Nous étudierons ensuite la nutrition qui nous servira de ré-sumé.

ARTICLE PREMIER

FROID HUMIDE SUPPRIMANT LA FONCTION CUTANÉE OU LA MODI-FIANT PROFONDÉMENT.

La solution de cette question demande la connais-sance exacte de la peau. Je vais rappeler brièvement quels sont les organes qui entrent dans la constitution de la peau.

La peau est un organe essentiel à la vie. C'est l'organe le plus complexe de l'organisme par sa structure, par l'agencement des organes qu'il renferme. C'est l'organe dont les fonctions sont le plus multiples.

La peau est formée par deux membranes superposées : le derme et l'épiderme.

Le derme contient dans son épaisseur, ou, pour mieux dire, dans le tissu cellulaire qui le tapisse profondément, de petites glandes nommées sudoripares. Ces petites glandes sont munies de goulots assez longs qui viennent jusqu'à la peau, entre les papilles, percer l'épiderme et sécréter la sueur. Si l'on examine la face palmaire de la main, surtout au bout des doigts, là où la peau forme ces petites lignes qui s'enroulent pour se terminer en escargot, on voit à l'œil nu ou à l'œil armé d'un instrument grossissant, une série de petites dépressions qui se trouvent sur la crête du sillon ; toutes ces petites dépressions sont autant d'ouvertures des goulots des glandes sudoripares.

Le derme contient encore dans son épaisseur des glandes pileuses. Au fond du cul-de-sac de chaque glande pileuse est fixé un petit *appareil musculaire* qui produit l'horripilation (*cutis anserina*) sous l'influence du froid ou de la peur. Ce petit appareil musculaire est formé par une ou plusieurs fibres plates, fibres à noyaux, fibres-cellules de la vie organique. C'est l'état rudimentaire du muscle peaucier des mammifères. Les animaux, avec ce muscle, impriment des mouvements à leur peau pour chasser les mouches pendant l'été. Tout le monde a vu les poils hérissés sur le dos d'un chat à l'approche d'un chien, etc.

A chaque glande pileuse sont encore annexées une ou plusieurs glandes sébacées qui sécrètent un liquide onctueux. C'est cette sécrétion grasse qui entretient la souplesse des poils et de la peau. Chez l'homme, c'est à cette sécrétion que la peau doit sa souplesse remar· quable. Les glandes pileuses ont quelquefois leur ouverture cutanée, bouchée, obturée par la malpropreté; alors les poils ne peuvent pas se faire jour, ils forment avec des cellules épithéliales et des matières grasses des glandes sébacées, ces points noirs de la peau, que l'on nomme comédons (vers), que l'on fait sortir en les pressant. Ils sont constitués au centre par un ou plusieurs poils enveloppés de cellules épithéliales et de matières sébacées.

La peau forme des papilles sensitives et des papilles vasculaires. Les sensitives sont le siége de la sensation tactile ; ce sont elles qui prennent un développement si remarquable chez les aveugles, chez les artistes, etc. C'est à la main surtout qu'elles sont admirablement disposées, elles sont formées par la terminaison des nerfs sensitifs où elles forment les corpuscules de Pacini. Ce sont les fils électriques qui apportent au centre cérébral les impressions du dehors. Les papilles vascu-

laires sont formées par l'entre-croisement, par l'anasto-
mose des capillaires veineux et artériels les plus
ténus. Les papilles vasculaires sont infiniment plus
nombreuses que les papilles nerveuses. Dans la face
palmaire des mains, elles sont dans le rapport de 5 à 1;
dans le reste de la surface cutanée, elles sont environ
30 fois plus nombreuses que les papilles nerveuses.

Le derme est recouvert par l'épiderme. C'est l'épiderme qui donne la couleur de la peau. Il est formé par
deux couches, la profonde, qui contient des cellules
remplies de pigment, et la couche superficielle serrée,
cornée. Le pigment est plus ou moins abondant suivant les races humaines; chez les nègres, le pigment
est granulaire profondément, et imbibe les cellules
plus superficielles de la couche de Malpighi. L'épiderme est une espèce de vernis protecteur pour le derme.
Si l'épidermees td étruit d'une manière quelconque,
par vésication, brûlure, excoriation, le derme devient
extrêmement sensible, et il s'enflammerait bien vite si on
ne le protégeait pas contre l'air ambiant, par une couche graisseuse quelconque appliquée immédiatement.

La peau est l'organe qui recouvre la surface entière
du corps, c'est un organe de protection. C'est elle qui
fait ces formes gracieuses, ces traits onduleux, expi-
rants, qui sont si difficiles à imiter; c'est la peau qui
fait la beauté!

Sans décrire ici les capillaires, qui sont les organes

actifs de la nutrition, je renvoie à l'article Nutrition.

Pour bien comprendre toute l'importance de la peau, il faudrait l'étudier dans toute la série des êtres. Certains animaux ne sont que des tubes cutanés, chez qui la peau est l'organe de la digestion, de la locomotion, de la protection, etc., chez qui la peau est tout. Cette étude est indispensable pour bien comprendre que la peau est l'organe le plus essentiel à la vie. C'est la peau qui, chez tous les animaux, est le premier organe formé (1).

(1) Ce que je dis de la peau chez les animaux inférieurs est parfaitement applicable à l'homme. Tout le monde sait, en effet, que l'œuf humain fécondé, durant les neuf mois de la gestation, présente successivement différentes phases de développement, temporaires pour lui, mais qui coïncident exactement avec un développement terminal ou parfait pour certains être inférieurs. Plus la gestation avance, plus sont élevés, dans l'échelle animale, les êtres auxquels correspond l'état temporaire du développement fœtal humain. Ainsi l'enfant, avant de naître avec des organes parfaits, a été une simple cellule, puis un manchon cutané représentant l'état parfait de l'hydre, chez qui la peau est l'organe unique remplissant les fonctions de conservation de l'individu et de conservation de l'espèce. Le fœtus humain a ensuite un seul cœur, puis ensuite un cœur double communiquant, où le sang artériel et le sang veineux se mélangent comme chez les animaux à température variable (animaux à sang froid). La persistance du trou de Botal chez les enfants nouveau-nés n'est pas rare.

Les cas de tératologie, de monstruosité, qui effrayent tant les parents et les gens ignorants, ne sont que le résultat d'une maladie de la mère ou du fœtus pendant la gestation. La maladie de l'un ou de l'autre prolonge un état transitoire de développement du fœtus, le rend permanent, et l'enfant vient au monde avec des signes, souvent indélébiles, qui servent de date à la maladie de l'un ou de l'autre.

Chez l'homme, la principale fonction de la peau, c'est la sudorification. Un homme bien portant, dans les conditions normales de la vie, sécrète environ un kilogramme de sueur en 24 heures. Cette quantité, on le comprend, varie suivant une infinité de circonstances : le degré de la température ambiante, l'ingestion de boissons sudorifiques ou tempérantes, les âges, les individus, les constitutions, etc., etc., sont autant de causes d'augmentation ou de diminution de la sueur.

La sueur contient des principes immédiats des trois classes ; la sueur est donc excrémentitielle. Elle élimine de l'économie surtout des sels de soude et une petite quantité d'urée.

La sueur est généralement alcaline, elle n'est acide qu'aux mains ; elle est surtout augmentée par les vents secs et chauds.

La peau, outre la sueur, élimine des gaz, des matières organiques, des sels minéraux, etc.; elle élimine encore des matières odorantes ou volatiles des substances médicamenteuses, les antispasmodiques surtout.

Quand elle est souple et dans les conditions norma-

La peau est le premier organe du fœtus, de l'embryon, dis-je ; chez l'embryon, pendant un certain laps de temps, elle suffit à toutes ses fonctions, fonctions obscures évidemment, mais fonctions vitales. Elle conserve plus tard une importance essentielle à la vie, mais elle partage son importance première avec d'autres organes qui se développent et qui lui viennent en aide, mais elle garde une importance vitale.

les de la santé, elle est hygrométrique. Elle se laisse
pénétrer par l'eau. Elle résorbe les médicaments dissous dans l'eau ; elle résorbe également les médicaments
unis à la graisse, les pommades, surtout si une friction convenablement prolongée aide à la pénétration.
L'absorption de la peau est surtout favorisée par la dissolution des médicaments dans un bain tiède dont la
température est au-dessous de celle de la peau ; car
alors l'absorption est plus grande que la sécrétion.
S'il ne faut pas qu'un bain médicamenteux soit trop
chaud, il ne faut pas que le malade y ait froid, car la
peau se resserrant, elle n'absorberait pas le médica-
ment dissous. C'est sur cette propriété hygrométrique
de la peau qu'est fondé tout l'art balnéaire, qui, dans
des mains habiles, rend de si grands services à la thérapeutique.

La peau a encore une fonction très-importante que je
vais signaler, c'est celle de rafraîchir le sang en rafraî-
chissant les papilles vasculaires et les capillaires cutanés. En se vaporisant la sueur vient ainsi en aide à la
fonction pulmonaire. C'est un phénomène purement
physique qui n'a pas besoin de grande explication. La
sueur, pour se vaporiser, pour changer d'état, pour devenir gazeuse de liquide qu'elle était, prend à la peau,
aux papilles vasculaires, la chaleur nécessaire pour ce
changement d'état ; d'où rafraîchissement de la peau et
des papilles vasculaires, d'où rafraîchissement du sang

des vaisseaux cutanés. Pendant l'été, c'est plutôt à la peau qu'aux poumons que le rafraîchissement du sang a lieu, car la peau est tellement vasculaire, qu'en examinant une injection anatomique fine et bien réussie, on croirait la peau formée entièrement de vaisseaux capillaires. J'ai déjà dit que le rafraîchissement du sang aux poumons était une récente découverte de MM. Claude Bernard et Walferdin, le thermomètre à la main.

Après ce coup d'œil rapide sur la peau et sur sa fonction principale la sudorification, examinons quels troubles la suppression de la sueur peut amener dans l'organisme.

Quand le froid humide impressionne la peau des gens en sueur, son action est prolongée plus ou moins longtemps, elle produit alors des affections aiguës qui sont du ressort de la médecine active; j'en dirai quelques mots en parlant de la nature des vêtements.

Quand le froid humide impressionne la peau d'une manière continue, comme cela a lieu pendant l'hiver dans les pays de plaines arrosés par des rivières et couverts de prairies, dans des pays où il y a des brouillards froids, chargés d'une humidité pénétrante, l'impression du froid resserre la peau qui arrête ou plutôt qui s'oppose à la sudorification. L'impression du froid humide a encore cet effet funeste de chasser le sang des capillaires cutanés qui alors ne reçoivent plus ou que très-peu de sang.

Cette double circonstance impressionne les organes supplémentaires ou adjuvants de deux manières ; elle les oblige à un surcroît de fonction et produit en même temps une hypérémie, une fluxion sanguine. Car le sang que recevaient les papilles vasculaires de la peau est obligé de se porter dans les organes splanchniques, et les produits excrémentitiels de la décomposition nutritive qui étaient éliminés par la peau sont rejetés par les autres organes de la fonction de conservation de l'individu.

C'est toujours pendant l'hiver que la peau est impressionnée par le froid humide, ce qui fait que la peau fonctionne moins quand il conviendrait justement qu'elle fonctionnât le plus. Car pendant l'hiver on mange beaucoup de viande, et on boit beaucoup de boissons fermentées qui poussent à la sueur.

Que se passe-t-il dans les autres organes des fonctions de conservation de l'individu, quand la sueur est arrêtée par le froid et que la peau est anémiée par le resserrement des vaisseaux capillaires des papilles vasculaires ?

Les poumons sont immédiatement hypérémiés, les vaisseaux parenchymateux et ceux de la muqueuse bronchique deviennent turgides. Les gros vaisseaux, ceux de la circulation rapide qui se fait en 20 secondes sont trop pleins, ils exercent une grande pression (1). Sans cette

(1) Je vais consigner ici une assez longue note qui sera utile pour l'intelligence du sujet que je traite actuellement et surtout pour le

pression, les capillaires bronchiques laissent transsuder
du sérum et de la fibrine au travers de leur paroi, d'où
mucosité dans les bronches, d'où crachats. Si le froid

sujet de pertes sanguines, et celui des suppurations. J'emprunte cette
note à ma thèse inaugurale *sur les inflammations en général*. Paris,
1857.

La tension vasculaire est en rapport avec la quantité du sang
contenu dans les vaisseaux.

La saignée diminue la pression ; ainsi un animal a 141 millimètres de pression manométrique, après une bonne saignée la
pression n'est plus que de 57 millimètres.

La pression augmente par la respiration et surtout par les hautes
inspirations.

L'influence nerveuse a aussi une action marquée sur la pression
manométrique ; ainsi, le pneumogastrique étant coupé, si on excite
son bout inférieur, la pression diminue ; elle augmente, au contraire, si on excite le bout supérieur.

Quand on injecte du sang dans le système circulatoire, la pression augmente ; si c'est de l'eau qui est injectée, chose singulière,
la pression diminue quoique le système soit plein outre mesure.
Le sang circule d'autant plus difficilement qu'il est plus fluide.

Quand on injecte de l'eau par une artère, l'organe où se rend cette
artère s'infiltre bien vite par les mailles des tissus, et si l'on continuait l'injection, l'animal serait bientôt infiltré et la circulation capillaire arrêtée.

Quand on injecte une petite quantité d'eau dans le sang d'un
animal, cette eau sort de l'économie par les urines, par l'exhalation
pulmonaire et surtout par la sueur. Quand la quantité d'eau est
considérable, l'animal meurt avec un œdème énorme des reins, des
poumons, du foie, de la peau, etc. ; car cette eau, arrivant subitement, n'a pas le temps d'être éliminée par les organes que je viens
de citer, et surtout par les reins et la peau, comme lorsque l'on boit
beaucoup. La distension des vaisseaux est énorme, la transsudation
est d'autant plus grande dans chaque organe que celui-ci est plus
vasculaire, la peau est œdématiée.

Il faut, pour que le sang circule bien, qu'il ait une certaine p'as-
ticité, comme l'a démontré M. Poiseuille avec un tube capillaire. Le

humide agit sur la peau, il n'est pas sans action sur les bronches; il les irrite. C'est encore une nouvelle cause de production muqueuse des bronches.

sang mêlé d'eau circule infiniment moins vite que le sang normal (il faut donc faire boire beaucoup les gens qui ont la fièvre, dont le pouls est fort et précipité).

Les globules sanguins ne peuvent pas circuler sans fibrine. Quand on défibrine du sang par le battage avec des verges et qu'on l'injecte dans un vaisseau, la circulation s'arrête. Dans le sang normal, les globules sont espacés, et quand il se présente des divisions vasculaires, les uns passent dans un vaisseau, les autres passent dans l'autre sans encombrement. Dans le sang défibriné, au contraire, les globules ne sont plus espacés; ils vont à la partie déclive du vaisseau, et quand ils rencontrent une division vasculaire, ils n'entrent que dans le vaisseau qui se trouve dans le sens de l'action de la pesanteur; et, si ce vaisseau est petit, ils l'obturent. (Les longues suppurations produisent la défibrination.)

M. Poiseuille (*Annales de chimie et de physique*, 3me série, 1847, t. XXI), donne les résultats suivants de ses expériences sur la rapidité de l'écoulement du liquide sanguin, suivant qu'on y ajoute ou qu'on en retranche certains principes.

M. Poiseuille se sert d'un tube capillaire de 1m,10 de longueur et de 0m,002 de largeur, qui est surmonté d'une ampoule qui contient 6 centimètres cubes de liquide.

Le sérum circule bien seul; 6 centimètres cubes se sont écoulés en 20m,33s.

La même quantité additionnée de globules a mis 68m,47s. Quand le sérum était seul, l'écoulement était continu; quand il y avait des globules, l'écoulement était intermittent. L'intermittence était due à un amas de globules qui bouchaient le tube momentanément. Outre la fibrine, le sang doit avoir certaines propriétés physico-chimiques pour être propre à la circulation. Ainsi le sang est alcalin, et constamment alcalin, chez les animaux; si l'on cherche à faire disparaître l'alcalinité par un acide léger injecté dans le sang, la mort arrive avant d'avoir obtenu ce résultat. Le sang ne peut pas existcr autrement qu'à l'état alcalin. L'alcalinité a une action di-

Ces causes réunies produisent un catarrhe plus ou
moins intense suivant la durée de l'impression du froid
humide. Le catarrhe, quand il est abondant, quand il

recte sur la circulation. 6 centimètres cubes de sang de bœuf se
sont écoulés en 1048 secondes. Si l'on ajoute 0,02 d'ammoniaque,
l'écoulement se fait en 981 secondes.

Si l'on ajoute de l'acide acétique pour rendre le sang neutre, l'é-
coulement se fait en 1070 secondes.

Si l'on ajoute de l'acide tartrique pour rendre le sang légèrement
acide, l'écoulement se fait en 1233 secondes.

(On voit que les oranges, les fruits acides, ne conviennent nullement aux gens faibles dont le pouls est déprimé.)

L'alcool retarde beaucoup l'écoulement — on a = 1223 secondes.
De toutes les liqueurs, c'est le rhum qui retarde le plus l'écoulement.

Les eaux de Bussang sont les eaux minérales qui amènent le plus
de retard dans l'écoulement ; ce retard est double de celui amené
par les autres eaux minérales. (Les eaux de Bussang sont donc
les meilleures eaux ferrugineuses pour les chlorotiques, dont le
pouls est accéléré.)

L'azotate de potasse (sel de nitre), à la température ordinaire, ac-
célère d'autant plus l'écoulement qu'il est en plus forte proportion
dans le liquide sanguin. A une température élevée, il le retarde, au
contraire. Le sel jouit d'une propriété singulière et que l'on ne
comprend guère. Si c'était le sulfate de soude hydraté, on le com-
prendrait à cause de sa courbe qui est une ligne verticale en quelque
sorte, mais la solubilité de l'azotate de potasse a une courbe marquée.
Si l'on veut avoir un effet diurétique très-marqué, il faut que les
tisanes nitrées soient froides.)

Ainsi nous voyons que les alcalis, la potasse et l'ammoniaque plus
que la soude, activent la circulation.

Avant de terminer cette note très-intéressante, je veux parler de
l'influence nerveuse sur la pression manométrique de la circulation.

L'excitation des racines antérieures = augmentation.

L'excitation des racines postérieures = diminution.

Toutefois la pression sanguine même doit être prise en considération, vu que plus la pression est grande, plus les organes reçoivent

remplit les bronches de mucosités, s'oppose à la révivification du sang. Les poumons reçoivent plus de
sang, et sont moins perméables à l'air. Qu'arrive-t-il
alors? Qu'une partie du sang amené à ces organes par
les artères pulmonaires retourne au cœur, par les veines pulmonaires, non complétement hématosé, noir.

Par ce fait, les globules sanguins, en grande partie,
ne sont pas enveloppés d'une atmosphère oxygénée et

de sang. Les sécrétions sont favorisées d'une manière fort appréciable par la pression sanguine, mais moins, à la vérité, que par
l'influence nerveuse.

Les expériences sur les glandes et sur les reins des animaux ne
laissent pas de doute à cet égard. Un rein, sous une pression manométrique de $0^m,076$, a rendu $0^{gr},80$ d'urine.

La pression devient $0^m,112$; le rein rend $12^{gr},23$ d'urine. Un animal a une pression de $0^m,057$; son rein rend $2^{gr},06$ d'urine.

La pression devient $0^m,122$; le rein rend $19^{gr},34$ d'urine. Un animal a une pression de $0^m,134$; urine $= 9^{gr},66$. On le saigne, pression $0^m,119$; $=$ urine $4^{gr},19$.

Un animal a une pression de $0^m,145$; urine $= 10^{gr},66$. On excite le
pneumogastrique; pression, $0^m,105$; urine $= 2^{gr},36$.

Le sang ne sert pas seulement à la nutrition, il sert encore d'exci-
tant organique, et ce qui excite en lui, c'est l'atmosphère oxygénée
dont s'entoure chaque globule dans l'acte respiratoire. Ainsi, quand
on injecte de l'eau dans le système sanguin d'une grenouille et qu'on
l'écorche, si tout le sang est sorti et qu'il soit remplacé par de l'eau,
les fibres musculaires ont perdu leur contractilité, elles sont insensibles à tous les excitants, même au galvanisme. Si alors on injecte
du sang rouge dans les vaisseaux lavés, les muscles recouvrent leur
contractilité; si c'est du sang noir, veineux, que l'on injecte, les
muscles restent insensibles à l'excitation électrique.

J'ai donné cette longue note, parce qu'elle explique le mécanisme
des engorgements séreux de l'aglobulie, de l'hydrémie, de la défibrination, de la transsudation de la fibrine, pendant la période suppu-
rative de l'inflammation, etc.

ne peuvent pas servir à l'acte chimique de la nutrition.

Le cœur a dans son ventricule gauche un sang mêlé, un sang semblable à celui des animaux à température variable, un sang gâté par la présence de produits excrémentitiels. Ce sang mêlé, altéré, est lancé par le cœur pour porter la vie dans les organes, et il n'y porte que la mort.

Il faut ajouter à ces mauvaises conditions de révivification du sang, que la lymphe qui contient les produits des digestions, les matériaux de régénération et de réparation du sang, se déverse difficilement dans le sang à cause de la distension des vaisseaux sanguins, qui opposent une résistance d'abord à la sous-clavière pour que le canal thoracique verse son contenu dans cette veine, puis au tronc brachio-céphalique pour que le grand canal lymphatique verse aussi le sien dans ce tronc veineux. Il s'ensuit que la lymphe engorge le système lymphatique, que les ganglions s'engorgent, se tuméfient, et que la peau s'infiltre. Et suivant que le sujet aura un tempérament lymphatique ou qu'il aura les poumons délicats, il deviendra scrofuleux ou phthisique. Le froid humide est la cause la plus fréquente de la phthisie pulmonaire *acquise*.

Les malades arrivés à cet état craignent beaucoup le froid, ils sont généralement tenus dans une chambre hermétiquement fermée; ils reçoivent de nombreux visiteurs qui viennent leur prendre le peu d'oxygène contenu dans leur chambre, et dont ils ont si grand

besoin. Un malade semblable a généralement la peau
sale, et l'on a grand soin de ne pas le laver pour ne pas
le refroidir, tandis qu'on le gèle intérieurement par ces
précautions stupides, barbares, qu'on ne saurait quali-
fier. La peau propre, au contraire, viendrait en aide
aux poumons, car ces organes ont la plus grande ressemblance de fonctions.

Sur les reins, la suppression de la sueur se fait sentir
encore plus vite et plus énergiquement que sur les poumons. Les urines deviennent d'abord plus abondantes,
mais bientôt, malgré leur abondance, elles ne sont plus
crues, elles deviennent sédimenteuses, uriques, très-
minéralisées. Si le malade en faiblesse indirecte mange
peu, si ses aliments ne suffisent pas à la déperdition
organique de chaque jour, l'économie puise dans son
propre organisme, le malade commence à manger sa
graisse qui était son magasin d'abondance, puis il
mange ses muscles, et les urines sont très-uriques.
Les reins congestionnés, hypérémiés, s'enflamment, il
survient de la néphrite qui souvent est suivie d'accidents
pernicieux qui deviennent rapidement mortels, ou bien
la vessie elle-même s'enflamme, il survient une cystite
horriblement fatigante.

Sur les voies digestives, la suppression de la fonction
cutanée a un effet tout aussi marqué que sur les organes que je viens d'examiner. La muqueuse gastrique
congestionnée sécrète anormalement ; les glandes sto-

macales sécrètent, l'estomac se remplit d'abord de glaires; il y a des vomissements, la muqueuse s'irrite ensuite, puis s'enflamme. Toute la muqueuse intestinale
sécrète comme celle de l'estomac; cette sécrétion
produit le dévoiement; mais bientôt le foie continue
à sécréter 900 à 1,000 grammes de bile, le pancréas
sécrète, les glandes intestinales sécrètent, et comme ces
liquides ne sont pas utilisés à dissoudre les aliments, ils
coulent dans l'intestin, l'irritent profondément, et au
dévoiement succède une diarrhée séreuse, bilieuse,
colliquative, etc.

Dans cet état, l'individu devient acide, le muguet
survient, et il meurt refroidi.

On voit quels troubles profonds l'action du froid humide, en troublant la sudorification et en anémiant la
peau, amène dans l'organisme. On comprend que la
nutrition est encore plus troublée que les organes des
fonctions primordiales de ce phénomène vital.

Je vais corroborer ce que je viens d'énoncer par quelques faits de physiologie expérimentale pris dans les
différents embranchements des êtres de la création.
Il faut se souvenir que l'homme est soumis aux mêmes
lois que les autres êtres de la nature. Il a la végétalité
des plantes, l'animalité des animaux, il n'a de propre
que la sociabilité. Ainsi nos exemples lui sont parfaitement applicables.

Prenez une grenouille; étalez-lui la patte sur le

porte-objet de votre microscope; examinez à un faible grossissement un vaisseau sanguin d'un certain volume, dans l'épaisseur de la membrane natatoire interdigitale de votre grenouille. Je suppose que le vaisseau que vous examinez laisse circuler à la fois 4 ou 5 globules sanguins de front. Versez sur la membrane interdigitale de l'animal quelques gouttes d'éther sulfurique, et tout en observant ce qui se passe dans le vaisseau que vous examinez, soufflez sur la membrane, pour que l'évaporation de l'éther soit plus rapide, et partant le refroidissement occasionné par l'évaporation plus considérable; vous verrez que ce même vaisseau qui contenait quatre à cinq globules de front, n'en laisse plus passer, tellement il s'est rétréci, ou que, s'il en laisse passer un, il chemine difficilement, et est encore accroché de distance en distance. Ce rétrécissement du vaisseau est considérable, car les globules sanguins des grenouilles sont très-gros, 0,0012 à 0,0015 de millimètre, ils sont ovoïdes et nucléés.

Le rétrécissement du vaisseau n'est pas le résultat d'une propriété particulière de l'éther. C'est par le froid vif que l'évaporation de l'éther fait endurer, que le vaisseau se resserre à ce point. Avec de la glace ou un courant d'air très-froid, on obtient le même résultat; seulement, on n'a pas toujours de la glace ou de l'air froid, tandis que l'éther est très-facile à manier.

Cet exemple est suffisant pour démontrer l'action du

froid sur les vaisseaux sanguins. Or on se souvient qu'à la peau, les capillaires sont si nombreux qu'à l'examen des injections réussies de cet organe, on le croirait formé exclusivement de vaisseaux. On comprend donc bien que cette masse énorme de sang qui était à la peau doit singulièrement hypérémier tous les organes perméables; c'est même ce qui fait que les vaisseaux se rompent souvent sous cette pression, et qu'il y a des hémorrhagies ou des apoplexies organiques.

Le froid humide est la cause principale de la phthisie pulmonaire, et surtout des hémorrhagies, chez les sujets dont les poumons sont malades.

Sur l'intestin, le froid de la peau a une réaction énergique. Je vais en donner des exemples :

En automne, examinez une des mouches que vous verrez collée aux vitres de votre fenêtre. Cette mouche est morte parce qu'elle a enduré le froid humide. La mouche a eu un grand dévoiement; le dévoiement l'a épuisée; elle est devenue acide; un champignon s'est développé dans son abdomen, et le champignon l'a tuée. La mouche est collée à votre vitre, parce que l'abdomen repose dans ses dernières évacuations copriques. Après sa mort, le champignon a continué à croître, parce qu'il a trouvé dans l'intestin de la mouche un milieu acide favorable à son développement. Les champignons sont devenus si abondants que l'abdomen de la mouche a crevé avec éclat, et que les sporules cryptogamiques ont été lancées dans toutes les directions. La poussière grisâtre, disposée en éventail, qui part de l'abdomen crevé de la mouche, est formée de ces champignons.

Ce développement de champignons ne se fait pas seulement sur les mouches ou sur les vers à soie chez lesquels il est connu sous le nom de muscardine, maladie parasitaire qui a fait de si grands ravages ces années dernières. Les champignons se développent aussi sur l'homme. Chez les enfants qui ont subi longtemps un froid humide, ou qui ont eu un dévoiement prolongé qui les a fait tomber en acescence, il se développe un champignon (*oïdium albicans*) connu sous le nom de muguet. Peut-être le malade connaît-il cette maladie sous le nom de chancre blanc. L'*oïdium albicans* pousse sur la langue, les gencives, le voile du palais, puis il gagne l'intestin et se montre bientôt à l'anus. Ces enfants se refroidissent et meurent promptement.

Le muguet se montre souvent à la fin des longues maladies, comme la fièvre continue grave ; c'est toujours un phénomène ultime.

L'*oïdium albicans* n'est pas le seul champignon qui se développe sur l'homme, le malade qui voudrait étudier cette question la trouvera exposée complétement dans l'ouvrage de M. le professeur Charles Robin qui y est relatif (1).

(1) *Histoire naturelle des Végétaux parasites qui croissent sur l'homme et sur les animaux vivants*. Paris, 1853.

Quelquefois l'acescence n'est que locale et des champignons se développent dans l'endroit acide. Avec un alcali on détruit l'acescence, et les champignons disparaissent immédiatement. C'est ce qui arrive souvent chez les enfants vigoureux. Seulement on se sert de miel rosat qui est acide, ce qui fait qu'on entretient le champignon huit ou dix jours, au lieu de le détruire en un instant avec un sel alcalin. Mais le miel rosat est à la mode! que faire contre la mode?

Chez les scrofuleux et les gens diathésiques, il se développe souvent des champignons dans un endroit circonscrit, comme la teigne sous les ongles, sur le cuir chevelu ou ailleurs.

Avant de terminer cet article, je veux donner un fait, de l'action du froid humide, bien vulgaire, mais qui n'en a pas moins une grande importance. Au mois d'avril, si la température est basse et humide, voyez ce qui se passe dans votre colombier; vos pigeonneaux souffrent, languissent, leur plume est sale, ils ont le devoiement, et ceux qui ne crèvent pas sont très-longs à devenir bons à manger. Dans votre basse-cour, le même phénomène s'observe; vos dindonneaux, vos poussins crèvent en grande quantité. Votre basse-courière vous dira peut-être que c'est parce que le *rouge* ne sort pas, mais soyez assuré que le froid humide seul cause tous ces ravages.

Le soleil chaud change bien vite ces conditions défavorables.

ARTICLE II

DE LA MALPROPRETÉ ET DE L'EXCÈS DE PROPRETÉ
DE LA PEAU.

La malpropreté est une des causes les plus puissantes du refroidissement de l'économie. Elle agit surtout sur la peau qui à son tour réagit sur toutes les fonctions de conservation de l'individu exactement comme le froid humide. En effet, la malpropreté, en bouchant l'ouverture des glandes sudoripares, s'oppose à la fonction sudorifique. Je ne décrirai donc pas les désordres organiques causés aux poumons, aux reins, au tube intestinal, par suite de la malpropreté de la peau.

Je vais donner un seul fait physiologique qui fera comprendre au malade de quelle utilité est la propreté de la peau, surtout pendant les convalescences et même pendant les maladies.

Prenez un animal, cabiai, rat ou lapin, plongez-le dans de l'huile ou mieux dans du vernis, de manière que ses poils soient imprégnés jusqu'à la peau ; vous supprimez de cette façon la fonction cutanée et l'animal vous représente le type de la malpropreté. Qu'arrive-t-il ? l'animal, que ce soit en hiver ou en été, meurt très-rapidement de froid. Sa température baisse, et quand elle arrive à $24°,9$, il meurt avec une anémie de la peau et une hypérémie de tous les autres organes des fonctions de conservation de l'individu.

Que le malade ne croie pas que la peau soit sale seulement quand elle est noire : elle peut lui paraître très-propre, et être très-malpropre néanmoins. Il faut que le malade sache bien que la couche superficielle, la couche cornée de l'épiderme est le siége d'une exfoliation incessante de cellules épithéliales qu'il faut enlever de temps en temps si on ne veut pas qu'elles bouchent les orifices des glandes sudoripares. De la muqueuse des glandes sudoripares, elles-mêmes, se détachent incessamment des cellules épithéliales qui obtureraient les conduits sudorifères de ces glandes, si une malpropreté quelconque, terreuse ou organique, bouchait l'orifice cutané de ces organes et s'opposait, par ce fait, à l'écoulement facile de la sueur qui doit entraîner ces mêmes cellules épithéliales.

L'excès de propreté cause des accidents semblables à ceux que produit la malpropreté. Qu'arrive-t-il quand on prend trop fréquemment des bains, des bains alcalins surtout, qui dissolvent les matières onctueuses, qui assouplissent la peau? La peau s'irrite, l'épiderme s'exfolie, les corpuscules de Pacini, les papilles sensitives deviennent douloureux : *Ubi dolor, ibi fluxus.* Le sang congestionne les capillaires. Cette congestion, en distendant les vaisseaux de la peau, produit une compression des glandes sudoripares, et les glandes ne sécrètent plus de sueur; on arrive donc au même résultat que par la malpropreté; mais la différence, c'est qu'on a de l'hypérémie au lieu d'anémie.

Chez les personnes lymphatiques, les bains répétés produisent la sédation de la peau. Celle-ci est hygrométrique; après les bains, la réaction ne se fait pas; la peau reste froide; alors c'est exactement le même phénomène que l'impression du froid humide.

Voyez la barbe d'un homme qui la savonne tous les jours, elle devient rousse, les poils sont roides, cassants; par leur extrémité libre ces poils se fendent, et ressemblent à un pinceau. .

Les Romains, m'objectera-t-on, qui s'occupaient beaucoup d'hygiène, se baignaient tous les jours, et cependant ils s'en trouvaient fort bien. En effet, les Romains n'ont jamais constaté la mauvaise influence des bains quotidiens. Mais aussi tous les jours en sortant du bain, qui était un exercice pour eux, un esclave les massait tout en les oignant d'huiles volatiles. Le massage ramenait le sang à la peau, l'huile empêchait le contact immédiat de l'air, et de plus, les Romains avaient des tuniques en laine.

Donc, en prenant trop fréquemment des bains, et surtout des bains savonneux, on enlève toute la sécrétion des glandes sébacées. Or ces glandes, que la peau contient en si grande quantité, ont une fonction importante, comme je l'ai déjà dit, celle d'oindre et de ren-

dre la peau souple. C'est chez les oiseaux aquatiques
surtout qu'on peut étudier cette importance. Ainsi, examinez les canards de votre basse-cour. Quand ils ont
pris leurs ébats pendant un certain temps sur l'eau,
vous les voyez, sur l'eau même ou sur le rivage, cirer
leurs plumes avec leur bec. Savez-vous pourquoi ils se
cirent ainsi les plumes? C'est parce que l'eau sur laquelle ils viennent de nager est plus ou moins alcaline,
que cette eau a dissous la graisse qui lustrait leurs plumes, que ces plumes commençaient à se laisser mouiller et que l'eau venait impressionner désagréablement
leur peau en la mouillant et en la refroidissant. Les
canards prennent alors, dans leur bec, une certaine
quantité de plumes, en même temps ils pincent leur
peau avec le bout du bec, ils font sécréter les glandes
sébacées qui sont très-nombreuses et très-volumineu-
ses, puis ils étendent cette graisse sur leurs plumes
pour que l'eau ne puisse plus les mouiller.

Tous les jours en faisant sa toilette on en fait autant
pour les cheveux et pour la barbe, seulement, au lieu de
se servir de sa propre graisse, on prend de la pommade.
Ce que l'on fait pour les cheveux, il faut le faire pour la
peau, si on prend des bains tous les jours. Sans ces précautions on arrive au même résultat que par l'impression du froid humide, c'est-à-dire au refroidissement
organique.

ARTICLE III

DE LA PRIVATION DE LUMIÈRE ET DU DÉFAUT D'INSOLATION.

C'est encore sur la peau que ces deux causes nosologiques : la privation de lumière et le défaut d'insolation, agissent avec le plus d'intensité. Ces deux causes mènent directement à la phthisie pulmonaire ou à la scrofule ; ce sont les degrés les plus élevés du refroidissement de l'organisme avant la mort. Ces deux causes agissent donc absolument comme le froid humide en produisant le refroidissement organique, parce que la nutrition est profondément troublée.

Si on observe des ouvriers (tels que les cordonniers, les portiers, les tisserands) des quartiers populeux de Paris, là où les rues sont étroites, humides et ne reçoivent jamais le soleil, on verra qu'ils sont scrofuleux ou phthisiques. Pourquoi ? parce que dans ces quartiers l'appartement est étroit et situé au fond d'un couloir obscur. Il n'a d'ouverture, le plus souvent, qu'une petite fenêtre qui s'ouvre sur une cour profonde, froide, humide, qui est entourée de pignons élevés. Ces ouvriers respirent constamment un air confiné, nauséabond, qui prend à la gorge de ceux qui viennent du dehors. Or, sur ces malheureux prisonniers, l'hématose ne se fait qu'incomplétement, leur peau est froide, blafarde, souvent œdéma-

tiée, elle ressemble à du beurre. Ils ont les ganglions du
cou engorgés, tuméfiés, les mains sèches, décharnées,
les nœuds des doigts gros. Tout le monde tousse dans
cette demeure, le dévoiement et la diarrhée y alternent
avec une affreuse constipation. Ces malheureux ont tous
les accidents des gens soumis à l'impression du froid
humide, ils gèlent en dedans et ils augmentent ce refroidissement en n'ouvrant pas leur demeure.

Or le soleil et la lumière sont indispensables au développement des êtres et à l'entretien de la vie. La nutrition ne se fait pas sans soleil, car sans soleil les
matériaux ne peuvent pas être élaborés convenablement. Prenons quelques exemples.

Au collége de France, dans le cabinet de M. Coste,
depuis 1852 jusqu'en 1857, j'ai pu constater bien des
fois,. avec M. Gerbe, le préparateur du cours d'embryo-
génie, le fait que je vais consigner ici. Des œufs de saumons, par exemple, pris dans la même barrique, fé-
condés le même jour, mis sur les claies, éclosent
quelquefois à des intervalles assez longs. Ainsi les
œufs qui voient le jour, ou du moins qui sont en face de
la fenêtre, éclosent au bout de 18 à 20 jours; ceux qui
sont du côté opposé, qui sont un peu masqués par
l'échafaudage des augereaux, éclosent 4, 5 et même
8 jours après les premiers. La transparence des œufs
permet du reste de suivre parfaitement leur développement.

Peut-être le malade désirerait-il vérifier le fait que j'avance ; s'il n'a pas d'œufs de saumons, de truites, de brochets, etc., de poissons en un mot, qu'il fasse l'expérience suivante ; elle lui démontrera parfaitement l'influence indispensable de la lumière pour le développement des êtres.

A la fin de février ou au commencement de mars, quand il commence à dégeler, prenez un nid, un frai de grenouille, divisez-le en trois parties. Exposez-en une partie, dans un vase rempli d'eau, au soleil dans votre jardin, mettez la seconde partie dans une chambre où elle ne recevra que de la lumière diffuse. Placez enfin la troisième partie dans une cave, dans une pièce obscure où elle ne verra pas le jour. La portion du frai qui se trouvera dans votre jardin, à toutes les intempéries, donnera une grande quantité de têtards 15 jours et même un mois avant la portion qui ne reçoit qu'une lumière diffuse dans votre chambre; bien plus, dans cette dernière portion, il naîtra infiniment moins de têtards que dans la première; quant à la troisième portion, elle ne donnera aucun têtard, le frai pourrira.

Le défaut de soleil ou de lumière ne s'oppose pas seulement au développement des êtres, mais il les tient stationnaires au développement acquis, si on vient à les priver de cet agent. Ainsi prenez quelques-uns des têtards bien développés que vous élevez dans votre jardin, prenez-les, dis-je, au moment où leurs pattes poussent, quand ils ressemblent à des salamandres. Placez les têtards que vous aurez choisis, dans une boîte percée, pour que vous puissiez les nourrir; mettez la boîte dans un puits ou dans une citerne obscure, où la lumière ne pénétrera pas, vous verrez ces têtards rester à cet état transitoire de développement aussi long-temps que votre caprice le voudra; rendez-leur la lumière et le soleil, et vous verrez leur développement parfait se faire rapidement.

Cet exemple montre combien il est funeste pour le développement physique des enfants, de les faire travailler trop longtemps et de trop bonne heure dans des ateliers ou dans des salles d'étude où ils n'ont ni une lumière ni une insolation suffisantes et où ils respirent un air confiné. L'observation n° 3, placée à la fin de cet ouvrage, vous montrera de quelle utilité sont les bonnes conditions hygiéniques. Si le jeune homme qui fait le sujet de cette observation, avait eu plus d'air, son catarrhe se serait guéri, et il n'aurait pas eu une endocardite et un rétrécissement aortique consécutifs.

Voyez combien le défaut de soleil et le froid humide agissent d'une manière funeste sur les animaux des pays chauds amenés en Europe pour servir d'ornement à nos jardins publics. Au Jardin des Plantes, tous les lions, les tigres, les girafes, etc., périssent bien vite de phthisie ou de scrofule, malgré tous les soins qu'on leur donne, à cause du défaut d'insolation et à cause du froid. Chez ces animaux, le poil est mort, il devient sec par défaut de fonction cutanée; les animaux eux-mêmes sont sales, ils ont le dévoiement.

Le perroquet, seul, vit assez longtemps dans nos pays, mais il a plus de liberté que les animaux dont je viens de parler; il a surtout plus de soleil sur son perchoir, et sa nourriture habituelle, la graine de chenèvis, est une graine très-oléagineuse.

Le défaut de soleil n'est pas funeste seulement aux êtres doués de la sociabilité et de l'animalité, mais aussi chez ceux qui n'ont que la végétalité, il agit d'une manière pernicieuse aussi sur les plantes.

Je me promenais un jour dans un superbe jardin; là toutes les plantes y sont à profusion, les plates-bandes ressemblent à d'énormes guirlandes où les couleurs sont mariées pour produire les plus beaux et les plus heureux effets. Les caisses des plantes exotiques sont placées dans des dispositions convenables pour la végé-tation et l'exposition; elles sont entourées de plantes plus humbles mais très-riches en couleur, ces groupes sont tellement bien harmonisés que l'imagination vous fait faire un voyage oriental.

Dans ce paradis terrestre, je remarquai un groupe de fuchsias dans des pots placés et oubliés sous de grands arbres touffus. Là, ces plantes ne recevaient pas de so-leil, et ne jouissaient que d'une lumière diffuse. L'air ne leur arrivait que tamisé par les organes respiratoires des arbres qui les recouvraient de leurs rameaux. Air vicié, chargé de l'expiration des grands arbres ; air impropre à la végétation de ces fuchsias. A part l'air et le soleil qui leur manquaient, ces plantes étaient dans de très-bonnes conditions de végétation : bonne terre, humidité suffisante. Ces fuchsias avaient poussé démesurément. La tige terminale blanche, à articles longs, sans branches latérales, peu garnie de feuilles pâles, sans chlorophylle, était plus grosse que celle qu'elle surmontait. Cette tige était transparente, aqueuse.

Je me pris à réfléchir sur cette monstruosité dans ce jardin si splendide, cette tige blanche décolorée, plus grosse que la tige de l'année précédente, me représentait un état lymphatique qui me rappela de suite les ouvriers des quartiers pauvres de Paris et les enfants des fabriques privés d'air et de soleil. Ces grosses tiges me représentaient les engorgements lymphatiques. La séve ne manquait pas ; mais elle n'était pas élaborée pour la nutrition de la plante, parce que le soleil manquait, parce que l'air convenable manquait; cette lymphe restait avec ses matériaux nourriciers inutilisés, à l'état liquide, au lieu de former des fibres ligneuses ; elle engorgeait les cellules végétales qui restaient transparentes. Cette écorce blanche, froide, œdématiée, me représentait exactement la peau des scrofuleux. Ces grands articles, avec leurs gros nœuds, étaient frappants de ressemblance avec les longues mains osseuses des

phthisiques et des gens strumeux. Enfin, ces tiges gla-
bres finissaient le type de la scrofule, quand on les
voyait énormes, penchées, impuissantes à se soutenir
seules.

Je rejoignis le jardinier, je lui signalai mon observation, je le priai de vouloir bien mettre ces fuchsias,
après avoir eu soin d'étayer les tiges, dans une exposition où ils recevraient un peu de lumière, du bon air et
du soleil pendant un instant seulement de la journée,
puis d'augmenter insensiblement l'insolation.

Six semaines après, je retournai dans le même jardin. La tige de ces fuchsias s'était amoindrie, elle était
verte. Cette tige unique, terminale, donnait actuellement naissance, à chaque aisselle des feuilles, à une
branche verte, bien garnie de feuilles vertes également.
Presque toutes les feuilles primitives étaient tombées
et se remplaçaient par de nouvelles feuilles pleines de
vie et de verdure. Les feuilles anciennes qui avaient
persisté étaient panachées, elles verdissaient dans la
plus grande étendue de leur surface, mais elles étaient
séchées par places et tourmentées par la séve bien élaborée, bien nourrissante, qui venait remplacer la séve
ancienne. Ces fuchsias avaient une physionomie nouvelle vraiment surprenante ; car six semaines de bonne
exposition avaient suffi pour leur rendre la vie !...

Le défaut de soleil trouble la nutrition et amène le
refroidissement de l'organisme.

ARTICLE IV

DES VÊTEMENTS IMPROPRES, PAR LEUR NATURE, PAR LEUR FORME, PAR LEUR COULEUR.

La question des vêtements est d'un très-grand intérêt pour la santé.

Je diviserai les vêtements en :

Vêtements internes ou de corps ;

Vêtements externes ou pardessus.

Nature. — Les vêtements sont en soie, en laine ou poils d'animaux, en coton et en toile ou tissu végétal.

Comme vêtement cutané, la soie est complétement inusitée.

Les vêtements en laine sont de beaucoup les meilleurs vêtements. Je dirai même que les vêtements de poils d'animaux sont les seuls vêtements raisonnables. La laine est mauvaise conductrice de la chaleur, en sorte que si elle s'échauffe difficilement, elle perd difficilement aussi le calorique acquis. Sa température ne change donc pas ou ne change que très-lentement dans les variations de température. C'est donc un vêtement excellent pour les maladies des organes de conservation de l'individu. Si la laine est bonne chez les malades, elle est tout aussi bonne pour prévenir les maladies.

Le coton, laine végétale, est la substance qui pour faire les vêtements vient immédiatement après la laine. Comme elle, il est mauvais conducteur de la chaleur ; il a toutes les propriétés de la laine, mais à un moindre titre.

La toile, les tissus végétaux, font les plus détestables vêtements par toutes les saisons. Pendant l'été, saison pendant laquelle on s'habille surtout avec des vêtements en toile, si ce vêtement est appliqué sur la peau, si la toile est vieille ou a été lavée plusieurs fois, elle s'imprègne très-vite de sueur, elle boit la sueur aussi vite qu'elle se sécrète ; mais elle se sèche aussi vite qu'elle se mouille ; c'est ce qui fait sa mauvaise qualité comme vêtement. Les chemises de toile appliquées sur la peau sont la cause de presque toutes les maladies rhumatismales et de presque toutes les affections aiguës rhumatismales. Pendant l'hiver on est toujours gelé quand on a de la toile en contact avec la peau.

Voyez ce qui se passe chez les ouvriers à la campagne. Prenons pour exemple les vignerons qui travaillent très-péniblement, très-activement, et qui suent toujours en travaillant.

En Bourgogne, les vignerons aussitôt après la Saint-Vincent, leur fête, qui a lieu le 22 janvier, se mettent à tailler leurs vignes. Les vignerons travaillent avec activité et suent presque toujours. Si, pendant leur travail, le soleil se montre, comme cela arrive souvent dans

le mois de février ou de mars, ils ôtent leur gilet de
laine ou de coton et ne gardent que leur chemise en
toile et leur pantalon qui est fixé à la taille par une
courroie. Bientôt ils suent, et particulièrement à la taille
où la chemise et le pantalon sont collés à la peau par la
courroie. Cette courroie elle-même entretient plus de
chaleur là où elle est fixée. Ces travailleurs sont en
sueur. Qu'arrive-t-il alors? La vigneronne apporte à
manger à son mari, celui-ci va s'asseoir dans un provin
pour prendre son repas, le plus souvent il néglige de
remettre son tricot, ou, s'il le remet, il se le jette négli-
gemment sur les épaules. En s'asseyant, le pantalon et
la courroie baissent un peu, tirés qu'ils sont par les
genoux et par la courbure du tronc, la chemise mouillée
à la taille reste complétement à l'air, la chemise de
toile se refroidit, se sèche en prenant de la chaleur nécessaire à la peau, la peau se refroidit vivement, et le
vigneron rentre chez lui avec un lumbago, si ce n'est
avec une pleuropneumonie.

Au printemps, quand un médecin a exercé la médecine dans un pays vignoble, il peut dire d'avance que
par tel vent, tous les vignerons qui travaillent sur un
coteau exposé à ce vent, auront des affections des voies
respiratoires ou des douleurs musculaires, surtout un
rhumatisme des carrés des lombes. Si ces malheureux,
dociles aux conseils qu'on leur donne, mettaient des
chemises de coton qui seraient infiniment moins chères

que les chemises de toile, ils éviteraient ainsi de devenir si souvent malades. Mais le coton est d'un usage trop récent, de plus, les pères mettaient des chemises de toile, les fils, véritables moutons de Panurge, font comme les pères. De plus encore, de l'avis des vieilles pythonisses de la campagne, il n'y a que la toile de saine au corps.

Il n'y a pas que les travailleurs, que les gens robustes qui mettent l'hiver et l'été des chemises de toile ; les gens faibles, les phthisiques, les scrofuleux en mettent également. S'ils ont un gilet de laine ou de coton, c'est sur la chemise qu'ils le mettent, et il serait impossible de leur faire intervertir cet ordre de superposition.

Quant aux vêtements *pardessus*, la nature des tissus est moins importante, nous verrons bientôt que c'est la couleur surtout qui demande de la considération. Cependant il ne faut pas négliger l'épaisseur de l'étoffe en hiver.

Je dirai que la soie est un vêtement pardessus d'une excellente qualité.

Les vêtements imperméables en caoutchouc mis pendant longtemps, ou quand on marche, ou quand on travaille, sont très-malsains. Si leur imperméabilité empêche l'air d'impressionner désagréablement la peau ou l'eau de la mouiller, elle s'oppose aussi à l'évaporation incessante de la sueur, elle fait que la sueur mouille tous les vêtements du corps, ce qui est fort dangereux pendant l'hiver.

Je ne m'étendrai pas davantage sur la nature des vêtements. Je viens d'examiner ce qui se passe chez les
ouvriers vêtus de tissus impropres, je dirai quelques
mots des effets pernicieux des vêtements chez les gens
de la classe aisée en parlant de la forme.

Forme. — La forme des vêtements a une importance
bien plus grande qu'on ne se l'imagine généralement,
on sacrifie sa santé à la mode. Si je voulais signaler
tout ce que les vêtements des dames ont de vicieux,
je m'attirerais probablement l'inimitié de la moitié
charmante du genre humain.

Je ne dirai donc pas que le corset est ridicule, parce
que notre génération est née avec le corset sous les
yeux. Ayant toujours vu la femme corsetée, elle nous
paraît belle et nous l'aimons malgré le contre-sens de
sa taille. On applaudit même à cette contrefaçon. J'aurais donc tous les torts de m'en plaindre, si le corset était
innocent pour la santé de la femme. Malheureusement il
est la cause de toutes ou presque toutes ses maladies.
J'en excepte bien entendu les maladies aiguës.

Qu'est-ce que le corset? C'est un cône tronqué qui
repose sur son sommet.

Qu'est-ce que la cage thoracique? C'est un cône tronqué qui repose sur sa base.

Cette base est séparée des hanches par une dépression en gorge qui a une hauteur de $0^m,08$ à $0^m,10$
au plus, et qui est la taille.

Nous avons donc deux troncs de cône qui sont en sens inverse, et cependant l'un de ces troncs de cône sert d'enveloppe à l'autre chez la femme : quel contre-sens ! C'est exactement un demi-pain de sucre, assis sur sa base, qui représente le thorax ; et le papier qui l'envelopperait, reposant sur sa petite circonférence, qui représente le corset.

On m'objectera sans doute qu'il serait impossible de faire entrer le demi-pain de sucre dans le papier ainsi tourné, tandis que la poitrine d'une femme entre dans son corset. C'est juste ; le sucre ne pourrait entrer dans le papier, et si le thorax de la femme entre dans le corset, c'est en déprimant les côtes mobiles, en déformant la poitrine, et en comprimant les lobes inférieurs des poumons.

Cependant, me dira-t-on, la taille d'une femme ne ressemble pas à un pain de sucre. C'est encore fort juste ; la femme a une taille mince et souple ; mais cette taille, au lieu de partir des aisselles pour se terminer aux hanches avec la forme d'un cône renversé, ne part que des côtes flottantes pour aller aux hanches, et cet intervalle n'a que $0^m,08$ environ, quelquefois $0^m,10$, mais c'est exceptionnel.

Je laisse de côté la discussion, je passe aux faits qui feront comprendre suffisamment l'effet pernicieux du corset sur les organes de la nutrition.

Vous avez une petite fille ; sa mère la met en pension ;

mais, en même temps, elle lui met un corset ou tout au moins une ceinture inextensible. Sur ce premier lien viennent s'attacher toutes les autres pièces, si nombreuses, de l'habillement féminin : jupes, crinoline, corsage, etc., etc. La malheureuse enfant se plaint de toutes ces entraves qui gênent ses mouvements et qui l'empêchent de s'amuser; elle fait voir les plis de sa chemise imprimés profondément dans sa peau, mais sa mère lui fait de violents reproches, lui dit qu'elle sera laide, qu'elle aura la taille carrée, qu'elle ressemblera à telle personne difforme qu'elle lui cite. La petite fille se résigne. Son désir de devenir jolie, gracieuse, lui fait tout endurer. Bientôt la jeune fille elle-même veut un corset qui la serre davantage, elle fait voir que celui qu'elle a est trop grand, que les vêtements tombent. La mère enchantée lui donne une nouvelle sangle (pardon de l'expression, mais elle est vraie). La jeune fille a une taille de guêpe, elle reçoit des compliments, on la félicite sur la souplesse et la grâce de sa taille. Elle se serre encore en cachette.

Arrive le moment de la puberté; la jeune fille a une belle taille, une taille de guêpe, et pour surcroît de malheur et de difformité, souvent une *longue* taille. Mais elle a aussi autre chose; elle a : un foie abaissé dans l'abdomen, comprimé par les côtes qui se sont imprimées dans son parenchyme; elle a un estomac rétréci, comprimé par en haut, par en bas, sur les côtés, qui digère mal par la gêne qu'on lui fait subir et qui, pendant les repas, est obligé pour recevoir les aliments de se distendre dans un seul sens, par en bas, en refoulant le paquet intestinal dans l'excavation. Les digestions sont fort gênées, car l'estomac ainsi comprimé ne peut pas imprimer un certain mouvement de rotation et de trituration qu'il exerce sur les aliments, quand il est libre, et qui facilite beaucoup la dissolution de ces aliments par le suc gastrique. La rate, les reins, l'intestin, tout est comprimé.

Si malheureusement l'estomac résiste à tous ces mauvais traitements, si la jeune fille est grasse, si elle est rouge, ce qui a presque toujours lieu à cause des digestions laborieuses, elle boit du vinaigre, car il faut être pâle, être languissante pour être remarquée, pour être intéressante. Être rouge, être grasse ! Mais elle ressemblerait à une grosse campagnarde joufflue qui ne songe qu'à satisfaire son appétit !

Mais arrive le moment de la puberté ! L'utérus, l'organe qui conçoit, que les anciens regardaient comme un animal étrange vivant chez la femme, animal capricieux, errant, tyrannique; l'utérus, qui jusqu'à ce moment est resté moins gros qu'une petite noix, se développe rapidement. Où se loger? L'excavation est pleine ; tous les organes y sont tassés; le ventre même déborde le pubis en avant et forme une besace. L'utérus, ce tyran, se développe à son heure, à son moment; il lui

faut une place. Il se développe donc, mais, au lieu de se
tenir droit entre la vessie et le rectum, de pencher légèrement sur le premier de ces organes, il penche
complétement sur l'un ou sur l'autre; il est en antéver-
sion ou en rétroversion, il penche même quelquefois à
droite ou à gauche, il est en latéroversion. D'autres fois
le col reste dans ses rapports normaux et le corps seul
de l'organe s'infléchit dans un des sens que je viens de
désigner, alors l'utérus est en flexion; son conduit est
alors oblitéré par cette flexion; c'est ce qui donne des
époques si douloureuses.

Aussitôt que l'utérus est développé, arrive l'époque
cataméniale. Or, dans l'état où se trouve l'organe gestateur, cette époque est horriblement difficile, douloureuse. Il survient bientôt des ulcérations ou des fongosi-
tés du col, des pertes blanches abondantes se montrent,
la jeune fille éprouve de l'essoufflement, des battements
de cœur. Alternativement la jeune fille a le dévoiement
et une constipation. Il survient des douleurs entre les
épaules, souvent même une toux nerveuse, la jeune
fille est chlorotique. On quitte le corset, mais il n'est
plus temps. L'estomac, le foie, la rate, les reins qui
ont été emprisonnés, comprimés pendant des années,
ne reviennent pas à leur place, ne se mettent pas à fonctionner régulièrement, parce qu'on aura ôté ce méchant
corset pendant quelques semaines. On mène la jeune
fille à belle et longue taille aux eaux; on la fait voya-

ger pour la distraire, on lui fait prendre du fer, on la restaure un peu, puis on la marie. Elle devient plus ou moins difficilement enceinte, mais elle ne fait que des fausses couches; elle ne peut pas mener une grossesse à terme.

Si cependant une grossesse réussit, elle peut réparer tous les désordres causés par le corset; car l'utérus en gestation, pour parcourir ses neuf mois de terme, prend un développement qui lui fait occuper tout le ventre; et si les ligaments suspenseurs des organes abaissés ont encore un peu de tonicité, ils se rétractent, et après la délivrance ils peuvent maintenir les organes dans leurs rapports respectifs. Si dans ces circonstances la jeune femme ne remet plus de corset, sa santé peut devenir très-bonne. On voit généralement les jeunes femmes dans ces conditions, de très-amaigries, d'épuisées qu'elles étaient, devenir très-grasses, car leurs organes digestifs qui avaient été étouffés jusqu'alors, reprennent une grande vitalité et se mettent à fonctionner parfaitement bien. Je connais plusieurs exemples du fait que je viens d'énoncer, dans les environs de Saint-Léger.

Je fais remarquer que je signale un fait d'observation. Mon lecteur en connaît peut-être de semblables, mais je ne conseille pas le moyen, car il a plus souvent des inconvénients que de bons résultats.

Ce qui augmente encore affreusement la compression des organes splanchniques des jeunes filles corsetées, c'est la station assise et penchée en avant comme le sont pendant des journées entières les jeunes pensionnaires. Le corset limite le ventre par en haut; le bassin le limite par en bas; quand la jeune fille s'assied et surtout se penche en avant pour écrire, la limite inférieure et la limite supérieure se rapprochent; le ventre est rétréci; les organes sortent du ventre, poussent la peau en avant, et le ventre déborde par-dessus le bord antérieur du bassin où il forme un gros bourrelet.

Un dernier mot sur l'action mauvaise, pernicieuse même, du corset qui trouble si profondément les fonctions de la nutrition. La jeune fille à qui l'on a fait une taille régulièrement conique avec un corset baleiné a les côtes mobiles fortement appliquées sur la base des poumons. Qu'arrive-t-il alors? Les poumons ont les lobes inférieurs imperméables, qui ne peuvent plus recevoir d'air; la jeune fille a des respirations troublées, car, tandis que les lobes inférieurs ne respirent pas, les lobes supérieurs respirent trop. La respiration de la jeune fille est thoracique supérieure. De plus, la partie supérieure de la poitrine est généralement peu couverte, elle est donc soumise à toutes les variations atmosphériques ambiantes. Ainsi nous avons deux causes puissantes de maladies de poitrine chez la femme.

On me dira sans doute, que toutes les jeunes filles n'ont pas des corsets qui les serrent, comme je me suis plu à le dire dans cet article; l'objection n'est pas vala-

ble, car les simples liens inextensibles passés autour de
la taille pour servir de point d'attache aux autres nombreux vêtements des femmes, indépendamment du
corset, sont encore plus que suffisants pour déterminer
des troubles profonds dans les fonctions de conservation de l'individu.

Il n'y a pas que chez la femme que l'on puisse étudier
l'effet des liens inextensibles à la taille; chez les militaires le ceinturon cause bien souvent aussi des troubles dans les fonctions digestives. J'ai connu des jeunes gens dans la cavalerie qui voulaient se serrer la
taille, pour se l'amincir, avec leur ceinturon. Quand
ils avaient leur ceinturon serré, ils étaient obligés de le
garder pour manger, car après le repas ils ne pouvaient
plus l'agrafer; ces jeunes gens avaient toujours de
fausses-digestions et vomissaient souvent. J'en ai connu
qui ont eu ainsi pendant plusieurs mois des fausses digestions qui les faisaient aller en dévoiement aussitôt après
leurs repas. Chez eux ce dévoiement a duré tant qu'ils
ont persisté à vouloir se serrer. Ce n'est que devant un
grand amaigrissement et une faiblesse très-grande qu'ils
ont été obligés d'élargir ce lien qui serait devenu funeste pour leur santé.

Toutes les femmes et beaucoup de jeunes filles à Paris vont voir le buste de la Vénus de Milo; elles admirent
ses hanches rebondies, elles admirent peut-être sa taille,
mais à coup sûr pas une visiteuse ne voudrait en avoir

une pareille, elle aime bien mieux sa taille à elle, que
l'on prend dans les mains, sa taille qui n'a que 0^m,45,
que dis-je, qui n'a que 0^m,40 de circonférence. Et
puis, la taille de la Vénus de Milo est trop courte, nos
visiteuses, notre jeune fille en a une bien plus longue!
Or, la Vénus de Milo est dans des proportions admirables, sa taille a grossièrement la forme d'un cône comme
la taille doit l'avoir à cause des épaules et des muscles
puissants et charnus qui recouvrent la partie supérieure
du thorax; mais du cône gracieux, ondulé, de la Vénus
de Milo, au cône régulier de votre taille, belle visiteuse!
la différence est grande! La taille de la Vénus n'est guère
plus grosse par en haut, et elle est infiniment plus grosse
par en bas. Sa taille est moins longue, car les hanches
ont la hauteur qu'elles doivent avoir, un corset ne les a
pas déformées et atrophiées par la compression. Les
hanches sont larges, le bassin est large, parce que son
développement n'a pas été gêné par des liens inextensibles. La taille des femmes se façonne actuellement
comme le pied des Chinoises. Peu importe aux Chinoises qu'elles ne puissent pas marcher, il leur faut un petit pied tout contrefait; peu importe à la femme euro-
péenne qu'elle ne digère pas, qu'elle soit malade, il lui
faut une petite taille toute contrefaite, mais c'est la mode!
la mode avant tout, pour recueillir pendant quelques
années des compliments, et souffrir le reste de ses jours
pour se repentir et méditer sur la valeur des compliments.

Avec une taille semblable, comment pourrait-on avoir des enfants? Bassin déformé, organes abaissés, côtes enfoncées. Où donc l'utérus pourrait-il se développer? Évidemment il lui est impossible de vaincre tant de résistances. Les grossesses sont très-fatigantes à cause des troubles digestifs qui augmentent encore. Les troubles digestifs provoquent des attaques de nerfs, des attaques d'hystérie, etc.

Est-ce étonnant que dans ce siècle toutes les femmes soient plus ou moins chlorotiques, hystériques, aient des époques cataméniales irrégulières, des pertes blanches, deviennent phthisiques ou scrofuleuses. Les femmes de la campagne qui ne sont pas bridées ainsi, qui ont leurs mouvements libres, n'ont pas d'affections semblables, ou du moins ce n'est qu'exceptionnellement, tandis qu'en ville c'est généralement.

Critiquerai-je maintenant chacune des nombreuses pièces des vêtements des dames? Ferai-je ressortir l'inconvénient pour leur santé de tous les liens qu'il faut pour attacher les vingt pièces différentes de leur habillement? Parlerai-je de la crinoline? Non.

La crinoline est la conséquence obligée du corset. Puisque la femme a abaissé, a atrophié ses hanches avec le corset, il faut qu'elle les remplace par un mannequin en acier. Que pourrait-on arguer contre la crinoline? Dirait-on que bien des femmes ont été brûlées parce que leur crinoline a porté dans les flammes le pan

de leur robe? On ferait comme les détracteurs des che-
mins de fer qui citent les accidents pour détourner les
voyageurs de prendre cette voie rapide. Je ne critique-
rai pas la crinoline, car je parlerais contre mon goût
particulier; la crinoline est la conséquence obligée du
corset pour que la contrefaçon soit plus choquante et
plus gracieuse en même temps.

Seulement elle offre de graves inconvénients; le plus
grand et qui est très-funeste, c'est d'exposer les femmes
à des refroidissements subits à leurs époques cataméniales. Les conséquences d'une suppression d'époque
sont graves, toutes les femmes le savent. Une suppression
provoque immédiatement une congestion *au cerveau*
suivie d'étourdissements et de saignements de nez, à la
gorge ou aux *poumons*, et elle peut devenir la source
d'une hémorrhagie mensuelle; à l'*estomac*, avec vomis-
sement de sang qui peut également devenir mensuel.
Toutes les femmes ont dans leurs connaissances quelques personnes affectées comme je viens de le dire. Les
emmes se vêtent sous leur crinoline, mais le pantalon n'est pas suffisant pour éviter le refroidissement,
il en est souvent la cause; car si une femme a bien
chaud, si même elle a un peu de transpiration, à son
époque étant chez elle, lorsqu'elle sort, le vent, en s'en-
gouffrant sous la crinoline peut la refroidir plus activement à cause de l'état de transpiration antérieur;
car on sait que les vêtements se sèchent en prenant la

chaleur nécessaire pour ce changement d'état, d'eau en vapeur, là où elle se trouve, c'est-à-dire à la peau, et par conséquent aux dépens de la femme.

La critique est aisée, mais l'art est difficile, me dira-t-on. Veuillez donc dire comment il faut s'habiller pour éviter tous ces inconvénients. Je ferai remarquer que je ne critique pas, mais que je ne fais que signaler les conséquences fâcheuses de la forme et de la nature des vêtements. Je ne suis donc nullement tenu de donner une description de vêtements de femme qui auraient de moindres inconvénients. Cependant, au risque d'éprouver moi-même la critique des dames, je dirai que les jeunes filles, jusqu'après la puberté ne devraient s'habiller que de trois pièces de vêtements : une longue chemise en laine ou en coton qui prendrait au cou ; une veste-pantalon en laine ou en coton ; et enfin une robe ou tunique en larme ou en coton ; le tout maintenu lâchement à la taille par une ceinture extensible ou une cordelière. Les bas en laine ou en coton, suivant les saisons, seraient tenus par le pantalon, sans liens au-dessus du genou. De cette manière les vêtements auraient leur point d'apui sur les épaules, en sorte que rien ne gênerait le développement physique des jeunes filles. On aurait de cette manière des jeunes filles fortes, robustes, propres à devenir des mères de famille.

Comme il est impossible de renoncer brusquement

au corset, que les femmes n'en mettent qu'à la promenade ou qu'au bal? Dans la station debout, l'application
momentanée du corset ne serait plus aussi funeste.

Les vêtements masculins ne sont pas exempts de
toute critique. Les jeunes gens qui se doivent à la société, aux bals, aux fêtes, s'habillent pour devenir
malades. En effet, sur une chemise fine est appliqué un gilet mince et très-ouvert; le tout est recouvert
par un habit très-léger qui est ouvert lui-même pour
laisser voir la chemise et le gilet. Le pantalon est en
drap fin, il est collant pour bien dessiner le galbe. Les
chaussettes sont fines, les escarpins étroits pour faire
un petit pied et aussi pour faire disparaître quelque
difformité. On danse, on sue, et on retourne chez soi
par une belle gelée. Si on n'a pas de voiture, on re-
fait le chemin à pied, souvent on ôte les maudits
escarpins qui donnent depuis longtemps des horripi-
lations. Si l'on ne prend pas une fluxion de poitrine, on attrape un gros rhume et souvent un mal de
gorge. On recommence ainsi deux ou trois fois par
semaine, quelquefois tous les jours, pendant l'hiver
entier. Au printemps ou plutôt en été, on va guérir ou
essayer de guérir sa vieille bronchite aux eaux du Mont-
d'Or ou aux eaux des Pyrénées. Souvent les eaux sont
trop excitantes pour cette constitution délabrée, elles
mettent le feu dans cet organisme, et notre beau cavalier revient avec des points douloureux de la poi-

trine, il rapporte une toux sèche, férine. Le moment des soirées revient, le cavalier veut recommencer ses danses; son rhume augmente, il est haletant après une valse.

Il arrive à la consomption, et il succombera s'il ne se hâte d'aller rétablir sa santé dans une bonne station hivernale où il se promènera au gros soleil pendant la journée, et où il vivra de la vie commune, au lieu de faire du jour la nuit et de la nuit le jour.

Couleur. — La couleur des vêtements a une importance aussi grande que leur nature et plus grande que leur forme. La couleur s'adresse surtout aux vêtements par-dessus. Sur les gens en bonne santé, la couleur des habits a une très-grande importance ; chez les malades, chez les gens en langueur, cette importance devient capitale.

Le noir est bon conducteur de la chaleur ; il absorbe toute la chaleur de la radiation solaire, mais il la rayonne aussi vite qu'il la prend. Avec des vêtements noirs, on rôtit au soleil, on grelotte à l'ombre. En un mot, le noir se met immédiatement en équilibre de température avec le milieu ambiant.

Le blanc est mauvais conducteur du calorique. Il ne prend donc rien du rayonnement solaire, mais quand, après une exposition prolongée, il s'est échauffé, il rend aussi difficilement le calorique acquis qu'il l'a pris difficilement. Avec des habits blancs, on n'éprouve donc pas l'effet pernicieux des variations brusques de la température. Le passage du soleil à l'ombre, avec le blanc, est donc insensible, tandis qu'avec le noir il est saisissant.

La couleur blanche est donc la couleur préférable pour les vêtements. La nature nous l'enseigne. Voyez les animaux sauvages : lièvres, lapins, chevreuils, renards, loup, etc. Tous ont du poil blanc sous le ventre. Croyez-vous que cette uniformité soit l'effet du hasard? Évidemment non, c'est une prévoyance de l'Organisateur des mondes.

L'Être suprême, tout en donnant du poil ou de la laine aux animaux pour les préserver du froid, leur a donné, par surcroît de sollicitude, du poil blanc sous le ventre. Pourquoi du poil blanc sous le ventre plutôt qu'ailleurs ? Parce que l'animal au repos a le ventre immédiatement en contact avec le sol et que le sol est chaud ou froid suivant une foule de circonstances atmosphériques. Or, le poil blanc est un corps isolant qui empêche l'animal de subir ces variations de température.

Les jardiniers savent très-bien que pour espalier les arbres fruitiers, les murs blancs sont de beaucoup préférables aux murs noirs. En effet, quand le soleil se montre, le mur noir prend toute la chaleur solaire, il la rayonne immédiatement, en sorte que l'arbre participe à cette chaleur. Si c'est au printemps, la chaleur des rameaux met l'arbre en séve et, pendant les nuits froides, les bourgeons en séve gèlent, parce que le mur

se refroidit aussi vite qu'il s'échauffe, et qu'il prend
même la chaleur de l'arbre moins bon conducteur du
calorique que lui. Pendant l'été, le soleil très-ardent
chauffe beaucoup le mur, qui, lui-même, chauffe tellement les fruits, que souvent ils prennent des coups de
soleil. Les murs blancs, au contraire, au printemps,
comme en été, s'échauffent difficilement ; mais une
fois échauffés, ils conservent longtemps leur chaleur,
en sorte que l'arbre qui est espalié contre eux, partage
cette chaleur et la conserve longtemps, elle ne s'en va
que lentement et ne produit pas de troubles dans la
circulation sévique de l'arbre.

Plusieurs heures après le coucher du soleil, différen-
ciez, à la main, ou à l'aide d'un thermomètre, la température d'un mur blanc d'avec celle d'un mur noir. Vous
verrez que le mur blanc est très-chaud encore, tandis
que le mur noir est déjà couvert d'une rosée froide.

Quand on veut se promener, quand on veut aller à
l'air, la couleur des vêtements mérite donc la plus
haute considération. Dans la chambre, à l'ombre, à la
lumière diffuse, la couleur devient insignifiante, l'épaisseur seule du vêtement est à considérer.

Le blanc, me dira-t-on, est la couleur qui convient
aux vêtements, mais cette couleur est trop salissante ?
Eh bien examinez la lumière décomposée par un prisme ;
entre le blanc et le noir, il y a sept couleurs intermé-
diaires qui, en allant de l'orangé au violet, prennent

successivement le plus de calorique; ou, si on aime mieux, ces couleurs sont successivement classées par le prisme, suivant leur pouvoir absorbant de la chaleur. Il est donc facile de choisir des couleurs entre le blanc et le noir pour ses vêtements.

Je crois donc avoir démontré que les vêtements impropres, par leur nature, par leur forme et par leur couleur, produisent des troubles profonds dans les organes qui servent aux fonctions de conservation de l'individu. On voit que les vêtements impropres comme les causes nosologiques que nous avons déjà étudiées, produisent le refroidissement de l'organisme.

ARTICLE V

DE LA NOURRITURE INSUFFISANTE.

Cette nouvelle cause produit, on le conçoit facilement, la faiblesse indirecte, la langueur, l'épuisement, et si elle est longtemps continuée, le sujet meurt dans un état de marasme effrayant, quand sa température a baissé insensiblement jusqu'à la limite inférieure compatible avec la vie.

Chossat, qui s'est livré spécialement à l'étude de l'abstinence absolue et à celle de l'alimentation insuffisante (1), a remarqué que, par l'abstinence absolue,

(1) *Recherches expérimentales sur l'inanition.* Paris, 1843.

les animaux périssaient quand ils avaient perdu les 0,4 de leur poids et que leur température était descendue à 24°,9. Il a remarqué encore que les enfants et les vieillards mouraient plus rapidement que les adultes, et quelquefois après avoir perdu les 0,2 seulement de leur poids. La mort arrive après un temps variable, suivant les sujets, depuis deux jours, jusqu'à seize jours.

Avec la diète mitigée, avec l'alimentation insuffisante, la déperdition du poids du corps peut aller plus loin encore, mais les animaux meurent de froid à 24°,9.

L'abstinence, comme le froid humide, retentit sur toutes les fonctions de conservation de l'individu. La température s'abaisse jusqu'à la limite où tous les mammifères périssent, soit par abstinence, soit par défaut de la nutrition, soit par abaissement brusque de la température en maintenant l'animal dans un milieu très-froid, soit en supprimant subitement ou insensiblement l'action cutanée comme j'en ai donné un exemple à l'article malpropreté.

L'abstinence a un effet très-marqué sur les organes de la digestion; elle produit un rétrécissement de l'estomac, un plissement de la muqueuse gastrique, un rétrécissement de l'intestin; les sécrétions se tarissent; il survient des borborygmes, du dévoiement, puis de la diarrhée comme phénomène ultime.

L'urine disparaît complétement, on trouve la vessie vide chez les animaux morts de faim.

L'abstinence fait que la respiration devient rare, car la température s'abaissant, le sang n'a pas besoin d'être rafraîchi. La respiration ne se fait que pour revivifier un sang de plus en plus pauvre; car ne recevant plus de matériaux des digestions, l'économie a bientôt épuisé ses propres magasins qui ne forment, comme nous l'avons vu, que le 0,4 du poids total du corps. Les lymphatiques ne trouvant plus rien à absorber dans les tissus, l'animal meurt, la lampe s'éteint faute d'huile !

Déjà, un instant avant la mort, l'état des forces de l'animal peut être caractérisé par le mot *sideratio* (1). Cependant, on rapporte que sur le radeau de la Méduse quelques-uns des naufragés, après avoir été longtemps prostrés, devinrent furieux et livrèrent un combat à mort à ceux qui s'opposaient à la destruction du radeau. La perte des forces n'est donc pas continue, il y a des moments d'exaltation. Chossat l'avait remarqué déjà, chez les animaux qu'il faisait périr de faim.

Les faits que je viens de rapporter suffisent pour légitimer la pratique des jeunes médecins qui ne tiennent plus leurs malades à une tiède aussi prolongée que le faisaient les médecins Broussaisiens, ou ceux qui étaient

(1) Les anciens médecins tenaient, à juste titre, un compte très-grand de l'état des forces des malades. Ils avaient quatre termes pour désigner ces différents états : 1º *langor virium* ; 2º *dejectio virium* ; 3º *prostatio virium* ; 4º *sideratio virium.*

imbus des idées de Guy Patin qui craignait toujours que ses malades ne rôtissent en dedans.

ARTICLE VI

PERTES SANGUINES, ABONDANTES ET RÉPÉTÉES.

Nous avons examiné les causes de l'affaiblissement qui survient, quand l'élimination des produits délétères de la décomposition nutritive est empêchée ou troublée; nous avons vu aussi ce qu'il arrive quand le sang, et surtout l'organisme, ne reçoit plus de matériaux réparateurs. Nous allons étudier maintenant, dans plusieurs articles, l'affaiblissement par la perte du liquide nourricier, perte de sang et perte de principes constitutifs du sang, comme fibrine et albumine.

Pour bien étudier les pertes sanguines, il faudrait bien connaître le sang, mais le malade sait que c'est le liquide nourricier, et de plus, je parlerai du sang en faisant la Nutrition avec lui.

Que le sang soit sorti spontanément de l'économie, par hémorrhagie ou par saignées pratiquées par le médecin pour un cas urgent, le malade sait bien que les pertes sanguines de quelque manière qu'elles aient lieu produisent instantanément la faiblesse, la prostration du sujet; mais il ne sait peut-être pas ce qui se passe ensuite dans l'économie, il l'a peut-être compris en

5.

lisant la longue note physiologique que j'ai consignée
au commencement de cette dissertation (pression sanguine, son influence sur les sécrétions) (1).

Examinons néanmoins ce qui se passe dans l'organisme après les pertes sanguines. Quand une portion
plus ou moins grande du sang de l'organisme a été perdue, tout le sang qui reste dans l'économie afflue dans
les gros vaisseaux pour que le cœur puisse distribuer
également ce qui reste et pour que la nutrition continue. Le cœur redouble d'activité, ses battements sont
précipités, il fait tout ce qu'il peut ; mais les organes
n'entendent pas la ration, il leur faut du liquide absolument. Il survient une soif très-vive, le malade boit, boit
beaucoup : l'eau est immédiatement absorbée, elle entre en circulation, mais elle délaie, elle hydrate le sang.
Le système sanguin se trouve de nouveau rempli, la circulation devient régulière, les organes reçoivent un sang
hydraté qui les contente un moment, mais huit ou
dix jours après, ce sang hydraté ne leur suffit plus,
les éléments prennent beaucoup d'eau et peu de principes nourriciers, de principes fixes, ils sont infiltrés.
Les nerfs se gendarment de leur côté (*sanguis moderator
nervorum*). Nous avons vu dans la note physiologique
que je viens de rappeler, que le sang a besoin, pour
circuler, d'une certaine plasticité, et pour exciter, d'être
oxygéné, L'eau lui ôte la plasticité voulue et les organes

(1) Page 35, note.

s'infiltrent, l'organisme entier s'infiltre. L'œdème commence par les jambes, les parties déclives, et se répand partout. Les organes nè réagissent plus parce qu'ils ne reçoivent plus un sang suffisamment oxygéné. Le cœur a des pulsations molles, incomplètes, on dirait qu'il est poussé par l'afflux sanguin et qu'il ne peut se débarrasser de ce liquide impropre. Notre première observation consignée plus loin nous montre avec une grande évidence cet état, après la seconde perte.

Donc une huitaine de jours après une perte sanguine abondante, le sujet est pris de chloro-anémie, et les symptômes sont en rapport avec l'importance de la perte. C'est l'appareil digestif surtout qui souffre, l'appétit s'en va ; car le sang aqueux ne produit plus une excitation suffisante de la muqueuse gastrique. Le sujet a le goût perverti, il ne veut que des fruits verts et des aliments acides ou fortement épicés qu'il ne peut digérer. Le malade est gelé : il craint beaucoup le froid. Il faut rétablir la circulation, l'activer. Or, on est dans l'habitude de donner beaucoup de choses insignifiantes et beaucoup de choses nuisibles : du fer, du vin, des spiritueux et surtout des infusions qui ne font que mettre un peu plus d'eau dans l'économie. Dans ce cas, avant toute chose, il faut donner des alcalins, puis des toniques radicaux, voilà tout.

Les troubles de la circulation sont très-singuliers ; parfois, ils en imposent pour une maladie de cœur ; et il faut savoir, en effet, que les pertes sanguines, souvent répétées, produisent souvent une hypertrophie du cœur; cela n'a lieu que lorsque les pertes sont peu abondantes chaque fois, mais suffisantes pour que le cœur batte plus énergiquement pour suppléer au manque momentané.

Pour vous convaincre de l'influence des saignées sur les hypertrophies du cœur, prenez deux lapins ou deux animaux quelconques du même âge, de la même portée; saignez un des lapins tous les huit ou quinze jours; ne saignez pas l'autre. Au bout de quelques semaines écoutez les cœurs de vos lapins, ou bien sentez à la main leurs battements. Le cœur du lapin saigné aura des pulsations plus énergiques et manifestement plus retentissantes que celles du lapin non saigné. Au bout de trois ou quatre mois d'expérience, tuez vos deux lapins, vous constaterez que le cœur du lapin saigné est double ou triple de celui de son frère.

Ainsi, les petites pertes sanguines souvent répétées prédisposent aux maladies hypertrophiques du cœur. Le mécanisme en est simple. Vous diminuez brusquement le liquide du système sanguin, le cœur avec cette quantité en moins est obligé de suffire à la distribution générale, il bat avec énergie et plus vite pour que la rapidité supplée à la quantité. Le surcroît d'activité, de fonctionnement agit sur le cœur comme sur les autres muscles de l'organisme, dans les mêmes conditions; il s'hypertrophie comme s'hypertrophient les muscles des bras des boulangers et des maîtres d'armes, comme s'hypertrophient les mollets des danseuses, etc.

Le régime débilitant, le traitement de Valsalva ne conviendrait guère, on le conçoit, à des hypertrophies du cœur survenues dans de semblables conditions.

Revenons à notre sujet. Les pertes sanguines abondantes n'agissent pas seulement sur l'estomac et sur le cœur. Toutes les fonctions de conservation de l'individu sont atteintes, la nutrition est profondément troublée, et l'individu est refroidi. C'est sur ces sujets ainsi affaiblie que le soleil des stations hivernales, produit surtout un changement vraiment merveilleux.

ARTICLE VII

DES SUPPURATIONS ABONDANTES.

La suppuration est une cause d'épuisement bien fréquente. Elle a une importance bien plus grande que vous ne supposez peut-être. La suppuration est regardée généralement, dans le monde des malades, comme salutaire; on croit que c'est l'évacuation du mauvais sang. Détrompez-vous, c'est le rejet de tout ce qui est le plus utile dans le sang.

Avant d'étudier la suppuration, il faut que nous sachions positivement ce que c'est que le pus. Qu'est-ce que le pus? D'où vient le pus? Quelle est la nature chimique du pus? Comment se forme le pus etc.; telles sont les questions que nous allons examiner.

Qu'est-ce que le pus? Le pus est composé d'un liquide; dans ce liquide sont tenus en suspension des granulations libres, douées d'un mouvement Brownien, et des globules que je nomme pyocytes. Les granulations tenues en suspension sont de véritables grains ou des débris de fibres très-ténus; elles sont douées d'un mouvement dit Brownien de Brown, nom de l'auteur, qui a le premier observé ce mouvement particulier de certains corpuscules anatomiques. Ce mouvement est si étrange, si singulier, dans les corpuscules fécondants que, jusqu'à ces dernières années, on a regardé ces corpuscules comme animés : on les appelait des animalcules spermatiques ou des spermatozoaires. Dans le pus, les granulations libres s'agitent pendant trois jours environ, puis elles se réunissent quand ce mouvement veut cesser pour faire des amas, des corpuscules purulents. Les globules de pus ou pyocytes renferment des granulations semblables à celles qui sont libres dans le liquide du pus et des noyaux. Les globules du pus présentent trois aspects différents suivant qu'ils sont formés depuis plus ou moins de temps :

1° Les globules de récente formation contiennent dans leur enveloppe des granulations, en tout semblables aux granulations libres. Comme ces dernières, les granulations des globules sont douées du mouvement brownien, mais ce mouvement dure moins longtemps (vingt-quatre heures) que celui des granulations libres. Ces globules n'ont pas de noyaux. Quand on mélange, ce pus récent avec de l'eau, les globules se distendent, car ils sont hygrométriques, et le phénomène d'endosmose ne cesse que lorsque l'enveloppe crève avec éclat. Les granulations sont alors projetées dans le liquide ambiant, et leur mouvement devient très-étendu.

2° La seconde variété de globules purulents a un noyau ou des noyaux contenus dans l'enveloppe. Dans ces globules, il y a des granulations non adhérentes au noyau, et des granulations adhérentes. Les granulations non adhérentes sont douées du mouvement brownien ; elles s'agitent dans le liquide qui se trouve entre l'enveloppe cellulaire et le noyau. Le noyau ressemble à une masse glutineuse centrale ; ce noyau est la condensation de la fibrine incluse dans le globule, il est bleuâtre quand les corpuscules ne se sont pas fixés sur sa périphérie. Les granulations adhérentes sont fixées sur la périphérie du noyau. Les granulations, pour se fixer, suivent un certain ordre ; on dirait un chapelet qui entourerait une balle en caoutchouc ; toutes les granulations sont reliées ensemble d'une manière manifeste.

Quand on met de l'eau dans ce pus, les globules purulents qui étaient rétractés, qui présentaient moins de volume que ceux de la 1re variété, absorbent l'eau, l'endosmose les distend, les granulations dont les mouvements browniens étaient très-limités se mettent à s'agiter dans une grande étendue. Les granulations fixées aux noyaux s'en détachent, se mettent à s'agiter de nouveau, et souvent on voit les globules éclater comme dans la 1re variété.

3° Troisième variété. Quand le pus a plus de vingt-quatre heures, les granulations libres dans le liquide du pus continuent à se mouvoir, mais dans les globules plus rien ne remue. Les globules ou plutôt l'enveloppe s'est retractée, elle paraît festonnée à l'examen, mais ce ce n'est qu'un retrait, un plissement général de l'enveloppe. Les noyaux sont petits, durs, couverts de granulations dont il est impossible d'étudier l'ordre de fixation à cause de leur grand nombre. Entre le noyau et l'enveloppe ridée, on voit des granulations fines et fixes. L'eau ne distend plus ces cellules, elles ne sont plus hygrométriques. Cependant, on en voit quelques-unes qui se laissent pénétrer par places, elles forment des bosselures transparentes énormes (1).

D'où vient le pus? Le pus vient du sang dont il tire tous ses éléments constitutifs.

Quelle est la nature du pus? La nature du pus est fibrineuse. Qu'on ne croie pas que, dans le sang, il y ait

(1) Ce que j'avance m'est personnel, c'est le résultat d'un travail commencé depuis 10 ans. J'ai déjà consigné les principaux faits de ce travail dans ma thèse en 1857.

beaucoup de fibrine, il y en a fort peu, au contraire, 0,002 environ. Il paraît étonnant que des suppurations puissent être si abondantes avec si peu de fibrine, mais il faut que le lecteur sache que la fibrine et l'albumine ont exactement la même composition élémentaire, et que l'albumine remplace incessamment la fibrine éliminée par la suppuration, par un simple effet de contact qu'en chimie organique on appelle *catalyse isomérique*. Or l'albumine est très-abondante dans le sang.

Comment se forme le pus? La formation du pus est des plus simples. Je vais me servir du langage de Van-Helmont, pour la rendre plus compréhensible. Supposez une *épine* inflammatoire dans une partie quelconque de l'organisme. L'archée se met en colère, pousse le sang, le liquide mobile, où se fait sentir la douleur (*ubi dolor, ibi fluxus*); le sang arrive en grande quantité; il y a arrêt de la circulation; les vaisseaux se distendent et, la pression aidant, le sérum et la fibrine transsudent des vaisseaux, et le pus se forme pour chasser cette *épine*.

Que le malade me permette une petite digression avant de reprendre ce sujet. Le plasma formé par la transsudation ressemble à une gelée très-friable, c'est un véritable mucus. Ce mucus, si on l'examine au microscope, est rempli de granulations fibrineuses immobiles, et du pourtour se détachent quelques corpuscules ayant la forme de solides géométriques. Si on

fait imbiber ce mucus dans de l'eau, ces granulations
prennent bien vite un mouvement brownien, les corpuscules à formes géométriques deviennent sphériques
et les granulations qu'ils contiennent se mettent à s'agiter d'abord lentement, on les sent gênés par le plasma,
puis elles s'agitent avec une très-grande vivacité. On ne
rencontre pas trace de noyaux alors, dans les cellules
du pus. C'est donc une démonstration palpable de
l'erreur de la théorie allemande de Schwann et Schœ-
lein, qui regardent la genèse cellulaire commeprocé-
dant de dedans en dehors, tandis qu'elle procède de
dehors en dedans. Le contenant est formé avant le
contenu. Le noyau n'apparaît que longtemps après
l'enveloppe, après la membrane cellulaire, dis-je.

Maintenant que nous connaissons le pus, voyons
quels troubles la suppuration produit dans l'organisme.
Les longues suppurations agissent sur l'économie,
exactement comme les pertes sanguines. L'effet des
suppurations est progressif, tandis que celui des pertes
sanguines est brusque, immédiat, foudroyant. Le pus
est formé de fibrine, or la fibrine est la partie réelle-
ment nutritive du sang, c'est elle qui répare les muscles, et les muscles donnent la vigueur.

Étudions donc ce phénomène de la suppuration. Je
suppose une partie de l'individu nécrosée, morte.
Qu'arrive-t-il? l'économie veut rejeter hors de son
sein cette partie devenue inutile, dangereuse. L'archée

qui veille à la conservation de l'individu, appelle autour
de cette partie frappée de mort le liquide mobile de
l'économie : le sang arrive en grande abondance, les
vaisseaux distendus par l'afflux sanguin et par une
pression anormale, laissent transsuder dessous et autour de l'*épine* du sérum et de la fibrine. Le travail sup-
puratif est un véritable minage (havage en terme de
mineurs) qui détachera l'organe mort dont l'économie
veut se débarrasser à tout prix. Suivant la nature osseuse, musculaire, tendineuse ou cutanée de cette partie
morte, suivant ses adhérences, la lutte de l'organisme
vivant contre l'organisme mort durera plus ou moins
longtemps, la lutte quelquefois dure assez longtemps
pour que l'organisme vivant s'y épuise complétement
et meure avant d'avoir expulsé l'ennemi.

Au commencement de la lutte, le sang donne toutes
ses ressources les plus précieuses. La fibrine fibrillaire
donne du pus crémeux, du pus de bonne qualité, du
véritable sang. L'organisme remplace la bonne fibrine
par celle qu'elle fait tous les jours, au fur et à mesure
des besoins, avec de l'albumine par catalyse isomérique,
mais cette fibrine de nouvelle formation est granul-
laire au lieu d'être fibrillaire, elle sort plus vite des
vaisseaux; au lieu de former du pus crémeux, elle
donne bientôt du pus séreux, très-fluide, de mauvaise
qualité éliminatrice. Ce nouveau pus ne produit plus
un minage aussi actif que le pus crémeux, car il s'écoule

trop facilement. Le sang est défibriné, il devient
aqueux : deux conditions très-mauvaises pour la circulation, comme nous l'avons vu dans la note physiologique déjà citée. Ce sang très-mauvais, circulant mal,
continue néanmoins à porter vers l'épine tout ce qu'il
contient de réparateur ; la lutte commencée ne cessera
qu'à l'épuisement complet de l'organisme, et l'organisme succombera s'il n'y a pas d'intervention, si on ne
vient pas activement à son aide. Quelquefois l'intervention est trop tardive ; car l'économie, après l'expulsion de l'ennemi, est obligé de se reconstituer, de réparer ses pertes, et souvent cette reconstitution est
au-dessus de ses forces, et le sujet meurt.

Quand l'épine est chassée spontanément par l'organisme, il y a un travail réparateur. Or ce travail est
vraiment des plus instructifs. La nature reprend tout
ab ovo. Le tissu régénéré repasse par toutes les phases
embryonnaires. Je suppose une portion d'os éliminée.
Il se fait un plasma sanguin qui devient gélatineux, puis
muqueux, puis apparaissent des corpuscules cartilagi-
neux. La substance osseuse remplace la substance car-
tilagineuse. L'ossification ou l'ostéogénie se fait par
envahissement.

Aussi pendant la suppuration, la fibrine et l'albumine,
les principes immédiats les plus réparateurs du sang,
disparaissent. Les désordres sont très-profonds dans la
nutrition, car l'*archée* a tout sacrifié pour l'expulsion de

l'*épine*. Ces désordres sont en rapport avec l'abondance et la durée de la suppuration. Le sujet tombe dans le marasme, il devient phthisique ou scrofuleux si la suppuration a été longue. Les pays chauds conviennent donc pour ranimer cet organisme gelé.

ARTICLE VIII

DE LA DYSENTÉRIE (1).

La dysentérie est une maladie cruelle qui ne dure que quelques jours, ou qui se prolonge indéfiniment. Son siége est habituellement dans la partie terminale du gros intestin, de l'S iliaque du colon à l'anus. Cependant elle peut prendre l'intestin en entier et quelquefois les premières voies sont les premières prises. Les formes de la dysentérie sont nombreuses, mais je ne veux m'occuper que des désordres consécutifs à cette maladie.

Je dirai cependant, en quelques mots, que j'ai observé, pendant trois automnes de suite, des épidémies de dysentérie avec des formes différentes chaque année.

En 1857, au mois de septembre et d'octobre, après

_____

(1) Dysentérie (δυς difficilement et εντερον intestin), difficulté de l'intestin. Dysentérie est écrit, dans les livres récents, de tant de manières différentes qu'il est peut-être utile de rappeler que ce n'est pas dissenterie, dyssenterie, mais dysentérie qu'il faut l'écrire.

des chaleurs tropicales de plusieurs mois, une épidémie
de dysentérie se déclara à Saint-Gilles. Tous les habitants du pays en furent atteints, il y eut vingt et quelques
décès. Cette année la dysentérie avait une forme rémittente bilieuse au commencement et au déclin de
l'épidémie; le début de la maladie était précédé de
dévoiement et de diarrhée bilioso-séreuse. Au plus fort
de l'épidémie, le début était brusque. La violence était
telle, quelquefois, que j'ai vu des gens bien portants à
midi être morts à quatre heures du soir. La maladie dans
ces circonstances ressemblait à une attaque de choléra.

Un éméto-cathartique guérissait généralement d'em-
blée. Si la dysentérie résistait à ce premier remède,
le malade, après avoir fait un peu de sang pur pendant
quelques jours, faisait des matières sanguinolentes, gé-
latinoïdes, mêlées d'épithelium intestinal, les envies
d'aller étaient incessantes, alors la maladie était inter-
minable.

Plusieurs malades après avoir traîné pendant des
mois entiers, furent pris d'abcès du foie, cet organe de-
venait énorme et le malade succombait dans un marasme effrayant.

Ce qui donnait surtout cette maladie c'étaient les
raisins et les prunes, mais surtout les raisins mangés
avec des noix fraîches. Cette maladie était horriblement
contagieuse. J'en fus atteint et je m'en ressentis pendant plus de trois ans.

En 1858, la dysentérie régna à Nyon, Saint-Seanin, Saint-Léger, etc. Elle n'était pas aussi contagieuse que celle de l'année précédente. Elle ressemblait à une colite, le gros intestin seul était pris. Ce début était précédé d'une diarrhée bilieuse. Ce qu'il y a d'étonnant, c'est que les femmes qui en étaient atteintes, avaient presque toutes, au début, une rétention d'urine, et qu'il fallait les sonder plusieurs fois par jour.

Les lavements laudanisés quand ils étaient tolérés, et l'opium à l'intérieur réussissaient très-bien.

En 1859, la dysentérie était bilieuse et franchement rémittente. Le sulfate de quinine précédé d'un émétique guérissait presque toujours immédiatement.

La dysentérie qui n'est pas guérie de suite, quand elle se prolonge deux, trois septenaires et même davantage, plonge les malades dans une faiblesse extrême. L'épuisement ne vient pas de la perte sanguine, qui est insignifiante comme quantité, mais de l'affaissement nerveux et des pertes séroso-bilieuses. La convalescence dure six mois, un an, et même davantage. Les jambes surtout ne veulent pas porter les malades. Les douleurs sont très-vives dans les articulations et dans les muscles des mollets.

Les troubles de la nutrition sont très-grands, ces malades grelottent toujours, le pouls est misérable, lent, l'appareil digestif est très-longtemps avant de fonctionner régulièrement ; à chaque instant les malades prennent le dévoiement ou une diarrhée coliqua-

tive. La peau est sale, ridée, visqueuse, et si on n'a pas
soin de donner des bains à ces malades, l'état de la peau
entretient indéfiniment la langueur et la fluxion intestinale.

ARTICLE IX

DES LONGUES MALADIES PENDANT LESQUELLES IL Y A EU DES PERTES CONSIDÉRABLES, DÉVOIEMENT, DIARRHÉE.

Les causes d'affaiblissement qu'il nous reste à examiner sont des causes organiques; les troubles de la nutrition ne sont très-marqués que lorsque ces causes
durent longtemps.

Dans cet article nous allons examiner les troubles de
la fonction de digestion.

Qu'est-ce que la fonction de digestion? De quelle
nature doivent être les aliments pour qu'il y ait des matériaux convenables portés dans le sang? Quelles sont les
parties de l'appareil chargées de la digestion, et quelles
sont celles chargées de l'absorption?

La digestion fournit au sang les matériaux nouveaux
pour les besoins de chaque jour; mais pour que le sang
trouve, dans les produits élaborés par les organes digestifs, tous les éléments nécessaires à la nutrition, il faut
manger des aliments de trois natures différentes : des
aliments féculents ou sucrés, des aliments azotés, fibri-
neux et albumineux, enfin des aliments gras.

Le tube intestinal est si admirablement organisé, que la digestion de chacune de ces natures d'aliments se fait par des organes spéciaux. Ainsi, les substances féculentes, sucrées, sont digérées dans la bouche même par le liquide des glandes salivaires ; les matières azotées sont digérées dans l'estomac ; les substances grasses le sont dans les premières portions intestinales quand elles ont été imbibées par le suc pancréatique. La nature, par une admirable prévoyance, a placé tout le long du tube intestinal, des myriades de petites glandes pour parfaire à une digestion incomplète. Ainsi les aliments qui doivent se digérer dans une portion déterminée de l'intestin, si cette digestion n'est pas complète, trouvent, tout le long de leur cheminement, des organes qui finissent leur dissolution ; ce qui permet aux vaisseaux chylifères de prendre pour le sang le chyle, qui se déverse dans des vaisseaux particuliers, et qui, par eux, est versé incessamment dans le sang. Ce que je viens de dire étant bien compris de mon malade interlocuteur, il comprendra facilement que si pendant une maladie, ou si par une cause quelconque provenant de la mauvaise qualité des aliments ou d'une irritation ou inflammation des organes digestifs, les aliments ne sont pas convenablement digérés, le sang ne recevra plus ou ne recevra qu'en quantité insuffisante les matériaux réparateurs et que dès lors la nutrition sera troublée par alimentation insuffisante.

BERGERET.

6

Le dévoiement provient le plus souvent de la mauvaise préparation des aliments ou de l'irritation de l'estomac ; les aliments, au lieu de rester le temps suffisant pour leur entière dissolution digestive, sont expulsés immédiatement et partant les chylifères ne peuvent rien absorber pour porter au sang.

La diarrhée est la suite d'une irritation profonde d'une inflammation vive qui produit une supersécrétion des glandes, cette supersécrétion irrite l'intestin qui se contracte violemment, ces contractions chassent tout ce qui est contenu dans son tube, ces contractions sont douloureuses, elles servent d'*épine*, et outre que les chylifères ne prennent rien, les glandes, en sécrétant anormalement, prennent pour cette sécrétion des matériaux au sang, au lieu de lui en préparer pour la nutrition.

Ainsi les affections du tube intestinal quand elles troublent longtemps les digestions produisent l'affaiblissement de l'organisme, parce que le sang ne reçoit plus de matériaux propres à la nutrition.

ARTICLE X

DES MALADIES DE L'APPAREIL CIRCULATOIRE.

La fonction de circulation consiste à pousser le sang dans tous les organes pour que la nutrition se fasse. Or le cœur peut être affecté de deux manières différentes qui font que la distribution du sang se fait mal. Le cœur se contracte et se dilate alternativement. Pendant les contractions, il lance par des ouvertures spéciales, les troncs artériels, le sang qu'il contient; quand ces ouvertures artérielles sont malades, rétrécies, le sang sort difficilement du cœur ; il arrive aussi que ces ouvertures ne se referment pas après que le sang est lancé par le cœur, c'est encore un trouble apporté dans la circulation; car le sang trouvant une énorme résistance à vaincre dans la tonicité artérielle et dans la présence du sang que contiennent, les artères, retourne au cœur et rentre dans les ventricules par ces ouvertures restées béantes. Dans la dilatation du cœur, le sang peut aussi trouver des obstacles dans les ouvertures veineuses.

Ainsi les troubles de la circulation ne viennent pas de ce que tel ou tel principe nourricier disparaît du sang, mais de ce que le sang éprouve des obstacles organiques insurmontables à sa répartition nutritive. On comprend que le résultat est le même, la nutrition est troublée plus ou moins gravement suivant l'importance de l'obstacle : rétrécissement ou insuffisance.

ARTICLE XI

DES MALADIES DES REINS, NÉPHRITE ALBUMINEUSE, ETC.

L'urination est une fonction excrémentitielle, elle

rejette hors de l'économie une certaine quantité des produits de la décomposition nutritive. L'acte rénal, par suite d'une maladie particulière des reins, rejette parfois des matériaux azotés propres à l'assimilation ; ainsi dans la maladie appelée épithélioma (néphrite albumineuse), les reins rejettent de l'albumine, on comprend dès lors que l'albuminurie épuise l'économie comme la suppuration. Quelquefois l'urination rejette aussi de la glycose ; or la glycose est un produit de sécrétion du foie. Le foie élabore les aliments et les fournit au sang sous forme de glycose pour que la nutrition se fasse plus facilement. On comprend que si les urines enlèvent les matériaux carbonés du sang, la nutrition est profondément troublée, et que le refroidissement de l'économie en est le résultat. Aussi voyons-nous la glycosurie mener rapidement à la consomption, à la phthisie.

ARTICLE XII

DES MALADIES DE LA PEAU, DES POUMONS, DU SENS GÉNITAL.

Je ne parlerai ni des maladies de la peau ni de celles des poumons, nous en avons assez fait ressortir la gravité dans l'étude de toutes ces causes.

Les maladies ou les abus des fonctions de conservation de l'espèce trouveraient leur place ici, mais la masturbation ou plutôt les résultats de la masturbation trouveraient peu d'amélioration dans les pays chauds si le sujet épuisé portait avec lui la cause.

Les abus génésiques conduisent à la phthisie. J'ai connu une dame dont le mari était satyriasique ; cette dame était obligée, pour éviter les mauvais traitements, de subir les effets de la passion effrénée de son mari ; elle devint phthisique ; elle avait des cavernes aux sommets des poumons, des gargouillements. Elle parvint à se sauver chez ses parents et à ne plus revoir son mari, je lui guéris ses ulcérations du col, je lui recommandai de longues promenades au gros soleil et de s'y exposer la peau le plus possible. Cette dame guérit parfaitement ; de maigre et décharnée qu'elle était, elle est actuellement grasse, fraîche et ne tousse plus du tout. Ses cavernes sont cicatrisées.

CHAPITRE IV

La solution d'un problème demande la connaissance bien exacte de ses données. Or, quelles sont donc les du problème *nutrition?* — Le *sang*, les *capillaires*, les *éléments anatomiques.*

Sang. — Le sang est un liquide assez épais, rouge vermeil ou noir qui remplit le système circulatoire, c'est-à-dire les artères, les capillaires, et les veines. Le liquide sanguin tient en suspension des corpuscules de trois espèces que l'on nomme globules : 1° globules rouges, qui sont dans la proportion de 140 environ sur 1000 parties de sang; 2° globules blancs ou leucocytes, dont la proportion est variable; 3° globulins. Le sang contient encore des principes immédiats (1). Ces principes immédiats sont le résultat de la combinaison binaire, ternaire, quaternaire, de quinze corps premiers environ. De ces principes immédiats, les uns entrent dans le sang, les autres sortent du sang, les autres enfin restent

(1) Robin et Verdeil, *Chimie anatomique*, Paris, 1853, t. I, p. 193.

dans le sang. Ces principes sont au nombre de cent environ, on les divise en trois classes. Ceux de la première classe sont d'origine minérale ; dans la période de croissance de l'individu il en entre dans le sang plus qu'il n'en sort; mais quand l'accroissement est terminé il en sort autant qu'il en entre. Ces principes ne font que séjourner momentanément dans les éléments anatomiques des os, des muscles de quelques tissus en un mot. Ceux de la deuxième classe sont ceux qui sortent de l'économie, ils sont excrémentitiels. Ce sont les produits de la décomposition nutritive élémentaire, c'est pour leur expulsion que la nature a créé les fonctions d'urination, de sudorification, d'expiration. Ces principes de la deuxième classe sont donc essentiellement organiques ; le carbone, l'hydrogène, l'azote qu'ils renferment, les font facilement reconnaître. Ils sont formés dans l'organisme même ; car pas un de ces principes, qui sont au nombre de trente environ, ne peut être obtenu dans les laboratoires, si ce n'est l'urée. Les principes de la troisième classe sont ceux qui restent dans le sang. Ils se font et se défont dans l'organisme. Ces principes constituent la masse des tissus. Ils ne peuvent ni être formés artificiellement de toutes pièces, ni être ramenés par l'analyse chimique à un nombre fixe et défini d'équivalents chimiques. Ces principes sont la fibrine, l'albumine, etc. C'est pourquoi l'albuminurie et la suppuration mènent à la consomption parce qu'elles enlèvent au sang ces principes fixes, ces principes constitutifs de la masse de l'organisme.

Ainsi le sang, outre le sérum et les globules, contient des principes immédiats. 1° Ceux qui entrent et ne font que passer dans l'économie, ils en sortent avec leur même composition élémentaire ; ce sont les principes minéraux, cristallisables. 2° Ceux qui se forment par la décomposition nutritive, ce sont les principes excrémentitiels. 3° Les principes constitutifs qui se font et se défont constamment dans l'organisme, ce sont les principes constitutifs du sang.

Capillaires. — L'étude des capillaires nous est très-nécessaire pour comprendre la nutrition. Le lecteur ne s'attend pas à ce que je lui parle de la structure des tuniques des capillaires, c'est une étude très-simple, mais qui n'a pas d'intérêt pour nous dans ce moment. Je dirai au malade avant tout, que la tunique des capillaires ne présente nulle part de trou, elle est partout continue. Ainsi les hémorrhagies sont toujours le résultat de la rupture vasculaire. Si les tuniques vasculaires présentaient des trous, on les verrait facilement. Or on ne voit pas le moindre orifice qui puisse permettre à un globule sanguin de passer. J'insiste sur ce point car on croit encore à des hémorrhagies spontanées ou pour mieux dire, on croit encore que le sang peut sortir des vaisseaux sans que ceux-ci soient rompus, c'est de toute impossibilité ; c'est aussi impossible que de faire passer une orange à travers les mailles du tissu d'un foulard sans le déchirer. Ne croyez pas que ma comparaison soit exagérée.

Nous ne parlerons que du diamètre des capillaires. C'est sur leur diamètre, du reste, qu'est basée leur classification.

1re *variété*. — Cette variété comprend les vaisseaux qui ont de 0^{mm},007 à 0^{mm},030. Ce sont les capillaires les plus ténus. Il n'y a pas de vaisseaux qui aient moins de 0^{mm},007. Les globules sanguins rouges ont eux-mêmes 0^{mm},007. Si on retranche l'épaisseur de chacune des parois qui est de 0^{mm},001, il ne reste plus qu'un diamètre de 0^{mm},005, or les globules sont trop gros pour être admis dans de pareils tubes : aussi quand il s'y en engage quelquefois, passent-ils un à un et s'allongent-ils pour les parcourir.

2e *variété*. — La deuxième variété comprend les capillaires qui ont de 0^{mm},030 à 0^{mm},070.

3e *variété*. — De 0^{mm},070 à 0^{mm},140. Ces derniers capillaires sont déjà visibles à l'œil nu ; quand ils sont plus gros on les nomme artérioles ou veinules, suivant qu'ils contiennent du sang rouge ou du sang noir.

Les capillaires veineux font suite aux capillaires artériels, en sorte que le sang oxygéné rouge, passe immédiatement dans les capillaires veineux aussitôt que tous les matériaux réparateurs ont été utilisés. Le sang revient noir, carboné, par les capillaires veineux et va se débarrasser des produits de la décomposition dans les organes que l'économie a préposés à cette fonction.

Eléments anatomiques.—Il nous faut encore la connaissance des éléments anatomiques pour que nous puissions faire l'étude de la nutrition. Qu'est-ce qu'un élément anatomique ? Notre être entier est constitué par des appareils comme les appareils des fonctions primordiales de la nutrition : l'appareil digestif, l'appareil cutané, etc. Chaque appareil a des organes plus ou moins nombreux qui jouent un rôle dans l'accomplissement de la fonction, comme l'estomac, le foie, le pancréas, l'intestin pour *l'appareil digestif* et comme les glandes sudoripares, les glandes sébacées, les muscles à fibres plates de la *peau*. Chaque organe est formé par des tissus plus ou moins nombreux qui jouissent de certaines propriétés, comme l'estomac qui est constitué par du tissu musculaire, du tissu fibreux, du tissu nerveux, etc. Chaque tissu, à son tour, est formé par des éléments anatomiques qui sont partout les mêmes pour les mêmes tissus, mais qui présentent une forme différente pour chaque tissu, en sorte qu'à première vue on reconnaît de suite à quel tissu appartient un élément anatomique donné. Cette distinction est aussi facile à faire que celle d'une noisette d'avec une amande, ou d'un grain de blé d'avec un pois. L'élément anatomique est un petit corps qui est globuleux, comme dans les cellules épithéliales ; fibreux comme dans les muscles et le tissu fibreux; tubuleux comme dans le tissu nerveux, etc. Ce sont les plus petites parties auxquelles on puisse arriver mécaniquement par division des tissus.

Nutrition proprement dite. — Le sang, dans les meilleures conditions possibles de nutrition, part du cœur; il arrive dans les capillaires; là, il est mis en contact dans les tissus avec les éléments anatomiques. Le sang, dans la grande circulation qui se fait en 18″ ou 20″, ne donnerait pas le temps à la nutrition de se faire, mais dans les capillaires, le sang nourricier circule très-lentement. Il passe dans des capillaires d'une ténuité extrême $0^{mm},007$; dans ces capillaires, le liquide est dans une proportion très-élevée relativement aux globules. Le liquide des capillaires transsude de ces capillaires à travers les parois si ténues de $0^{mm},001$, c'est le résulat du phénomène d'endosmose. Par le phénomène d'exosmose, le liquide cellulaire rentre dans le vaisseau capillaire. Le globule sanguin, par le même principe d'endosmose cède son oxygène qui est indispensable pour l'élaboration, pour l'acte chimique de composition nutritive, de calorification et de production d'électricité. Il prend en échange l'acide cabonique qui est le résulat de l'acte chimique de la nutrition. Ainsi le sang artériel mis en contact avec les éléments anatomiques cède par l'endosmose cellulaire ses principes nutritifs liquides, dissous, dis-je, et gazeux, et reprend, en échange des principes dissous et gazeux. Les premiers produits étaient assimilateurs, propres à la composition, à la nutrition ; les autres sont le produit de l'excrétion cellulaire de la décomposition, de la désassimilation. Il faut que l'organisme les expulse, les élimine de l'économie. Chose singulière ! jusqu'à ces dernières années on ne s'occupait pas de ce que devenaient les produits de décomposition : les produits excrémentitiels du sang. Ces produits de décomposition sont les principes immédiats de la première et de la seconde classe. Les premiers sont des produits minéraux qui entrent dans l'organisme, qui s'y fixent momentanément pour donner de la solidité aux tissus rigides comme les os, et qui sont bientôt remplacés par des produits, en tout semblables ; ils sortent sans avoir éprouvé de modifications constitutives appréciables. Les autres sont des principes qui se forment pendant l'acte nutritif de la décomposition ; les éléments constitutifs sont apportés par le sang, et c'est dans l'organisme qu'ils se forment ; car là, seulement, ils trouvent les conditions indispensables à leur formation. Dans les laboratoires on n'est encore parvenu jusqu'alors qu'à pouvoir faire de l'urée et des hippurates. Ces produits excrémentitiels de la seconde classe sont des sels de soude, de chaux, de potasse, des produits azotés, graisseux, etc.

Quand l'échange endosmotique et exosmotique a eu lieu dans le capillaire de $0^{mm},007$, le sang revient au cœur, puis aux poumons pour se régénérer. Chemin faisant, dans les reins et sur place à la peau, et en dernier lieu aux poumons, il se débarrasse de tous les produits à éliminer. Il vient aux poumons pour se débarrasser des produits gazeux que la peau n'a pas rejetés. Mais en même temps les réservoirs lymphatiques donnent incessamment des produits assimilateurs nouveaux.

L'*endosmose* est ce phénomène singulier qu'a observé le premier Dutrochet (1) : que, quand deux liquides hétérogènes sont en présence et qu'ils ne sont séparés que par une cloison membraneuse, il s'établit au travers des conduits capillaires de cette cloison deux courants en sens inverse. Le courant qui s'établit du vaisseau à la cellule se nomme endosmose; le courant de la cellule ou de l'élément anatomique au vaisseau est le courant exosmotique.

La nutrition, que le malade ne confondra plus avec l'alimentation ou avec la digestion, est une propriété vitale caractérisée par le double mouvement continu d'assimilation et de désassimilation nutritives des éléments anatomiques.

L'assimilation l'emporte sur la désassimilation tant que le sujet grandit, s'accroît (2).

(1) *Mémoires pour servir à l'histoire anatomique et physiologique des végétaux et des animaux.* Paris, 1837.

(2) L'accroissement de l'être se fait de deux manières différentes : 1° par reproduction, 2° par genèse ou production élémentaire et primitive.

La reproduction est caractérisée par trois formes différentes : la segmentation cellulaire ou fissiparité; la gemmation; le bourgeonnement. C'est le mode principal de la génération cellulaire.

L'assimilation et la désassimilation s'équilibrent quand le sujet est à l'état parfait, pendant l'âge d'homme par exemple. Quand, pendant cette période, l'assimilation l'emporte encore sur la désassimilation, c'est une prévision de l'organisme, car l'organisme se fait des magasins d'abondance pour les moments de disette. L'emmagasinement organique se fait surtout avec des produits graisseux, avec des produits carbonés; donc, quand l'organisme est en souffrance, quand le sujet est enc onsomption, ce sont les graisses et les produits carbonés, comme le sucre et ses congénères qui conviennent pour réparer l'organisme.

La désassimilation l'emporte, au contraire, sur l'assimilation quand l'être décroît, pendant la vieillesse et pendant les maladies qui troublent la nutrition.

La nutrition est le dernier acte vital de l'organisme, quand la nutrition cesse, la vie cesse.

Il ne faut pas en conclure que la vie et la nutrition soient la même chose. La vie peut, dans certaines circonstances, n'être manifestée que par la persistance de la nutrition ; mais *la vie est la manifestation des propriétés inhérentes à la substance organique*. La vie, telle que nous l'entendons ordinairement, peut cesser avant la nutrition. En effet, les cils des cellules épithéliales s'agitent plusieurs jours après la mort, la barbe

La production ou genèse des éléments anatomiques se fait dans un blastème approprié, c'est le mode de génération cicatriciel surtout.

pousse après la mort, la nutrition des muscles de la vie organique continue après la mort, puisqu'on a vu des délivrances *post-mortem* (1).

Dans les causes d'affaiblissement des constitutions, nous voyons qu'on pourrait les diviser : 1° en causes qui s'opposent à l'élaboration des sucs nourriciers du sang : froid humide, malpropreté, défaut de soleil, ce sont les plus fréquentes ; elles agissent sur les fonctions excrémentitielles : sudorification, urination, fonction pulmonaire ; 2° les causes qui font que le sang ne reçoit plus de matériaux réparateurs : la diète ; 3° les causes qui prennent au sang ses principes immédiats de la troisième classe, ou principes fixes, principes constitutifs de la masse organique, qui sont : la suppuration, la néphrite albumineuse et la glycosurie ; 4° en causes plus spéciales liées aux affections des organes des fonctions primordiales de la nutrition : maladies de cœur, maladies des poumons, du tube intestinal, etc.

On pourrait faire une classification encore plus simple de ces causes en les nommant : causes qui s'opposent à l'assimilation, et causes qui s'opposent à la désassimilation. Je répète que toutes ces manières d'envisager la question de l'affaiblissement, devraient être prises en

---

(1) Legallois a entretenu la fonction nutritive fort longtemps chez des animaux décapités en les insufflant. Le cœur battait régulièrement, les respirations artificielles étaient régulières, la vie organique, la nutrition, dis-je, continuait.

considération par un écrivain qui voudrait faire un livre didactique ; mais, avec mon lecteur, nous avons fait une excursion, un vagabondage dans le domaine de la philosophie naturelle, et nous avons pris les faits qui nous convenaient pour notre sujet.

Tout ce que j'ai dit sur la nutrition est palpable, c'est une observation des plus simples à faire au microscope. C'est l'étude la plus attrayante qu'il soit possible de faire, elle est pleine d'enseignement philosophique, et confond d'admiration et de respect vis-à-vis de l'Organisateur suprême.

On se demandera peut-être comment chaque tissu, chaque élément anatomique prend justement ce qui lui faut dans le liquide nourricier ? C'est l'effet d'une puissance élective. L'archée, qui préside à tout, envoie dans le sang tout ce qu'il faut pour nourrir tous les éléments anatomiques. Le sang est le même pour tous les tissus ; mais, par le phénomène endosmotique, tel élément prend ce qui lui convient. Jusqu'alors nous disons que c'est un pouvoir inhérent, électif si l'on veut. Je ne saurais en dire davantage(1). Les éléments anatomiques sont des êtres vivant de leur vie propre dans l'organisme,

_____

(1) Le même sang sert à nourrir tous les appareils, tous les organes, tous les tissus, tous les éléments anatomiques d'un animal, de même que la même terre, celle de votre jardin, sert à nourrir les poiriers, les pommiers, les noisetiers, les melons, les choux, les rosiers que vous y cultivez.

La terre de votre jardin est formée de corps premiers, gazeux et

comme les êtres plus gros, qui ne sont que des agglo-
mérations d'éléments, vivent eux-mêmes d'une vie
propre, particulière sur la surface de la terre. Cette vie

solides : oxygène, carbone, azote, phosphore, calcium, potassium, etc. Le soleil et les agents atmosphériques, en agissant sur
ces corps premiers, provoquent leur union, leur combinaison chimique, binaire, ternaire et peut-être quaternaire ; ils forment des
sels, des principes immédiats nutritifs. L'eau de pluie dissout ces
principes immédiats (sels) ; ils s'infiltrent dans le sol, et les spongioles
des radicelles des plantes, que vous cultivez, absorbent sous forme
de séve ces principes immédiats dissouts. Les poiriers prennent ce
qui leur convient pour faire des poires, les melons pour faire des
melons, les rosiers pour faire et parfumer leurs roses, etc.

Les animaux avec une nourriture composée d'aliments gras,
azotés et sucrés, mettent dans leur sang le liquide nourricier, un
certain nombre de corps premiers : oxygène, azote, carbone, phosphore, potassium, calcium, etc. Ces corps trouvent dans l'organisme les conditions convenables pour s'unir, se combiner; ils font
des combinaisons binaires, ternaires, quaternaires. Les sels, les
principes immédiats ainsi formés servent à la nutrition des appareils, des organes, des tissus, des éléments anatomiques des animaux.

Si je poursuis un peu plus loin ma comparaison, je vois que les
mêmes principes immédiats formés par les corps premiers de votre
jardin et dissouts par l'eau, nourrissent là, telle variété de choux :
de Bruxelle, de Milan, d'York, choux rouges, choux cabuts, choux-
fleurs, etc., etc.; là, des melons et des courges ; là, des poires de variétés infinies.

De même je vois que le même sang chez un animal nourrit des
cellules épithéliales, pavimenteuses, sphériques, nucléaires, pris-
matiques; des fibres musculaires striées, plates, etc.

Comment se fait-il qu'avec le même terrain tant de plantes différentes trouvent de quoi faire ici, un fruit sucré, là, un fruit huileux,
là, une fleur odorante ? Comment se fait-il qu'avec le même sang un
animal nourrisse ses os, ses muscles, ses nerfs, sa peau ? Jusqu'alors
nous ne pouvons dire qu'une chose, que c'est par un pouvoir élec-

d'où leur vient-elle? d'où vient la vie du monde entier, de la terre, du système solaire, de l'univers? Cette vie n'est pas le résultat de causes fortuites; c'est à un Être suprême, au grand Organisateur que nous sommes obligés d'en attribuer la cause. Certes, le travail a déjà élucidé bien des points obscurs, qui paraissaient devoir toujours rester inexplicables. Trouvera-t-on le mot de l'énigme?

tif. Chaque végétal est une agglomération d'une infinité d'êtres vivant d'une vie propre, comme chaque animal est une agglomération d'une infinité d'êtres vivant également de leur vie propre. Chacun de ces êtres, végétal ou animal, qui est réduit en dernière analyse à une cellule, comme on en rencontre dans les infusoires, se nourrit donc en prenant dans le fleuve de vie (sang ou séve) ce qui lui convient. La vie particulière de chacun de ces êtres microscopiques fait que l'agglomération définitive, poirier, chien, choux, lapin, etc., se nourrit, que tous ses tissus, ses organes, ses appareils se nourrissent.

La terre est elle-même plus ou moins riche en corps premiers; comme la nourriture des animaux est elle-même plus ou moins riche en azote, en carbone, etc. Les arbres, les plantes, végètent en raison de la richesse même du sol; comme chez les animaux la nutrition est d'autant plus facile, que l'alimentation est plus riche. Cependant il y a une limite qu'il ne faut pas dépasser. Si vous mettez trop de fumier, les plantes donnent beaucoup de végétation et peu de fruits, il arrive même que certains tissus se développent anormalement tandis que les autres ne trouvent pas de quoi s'accroître; il arrive même que l'excès de principes nutritifs tue la plante. Chez les animaux le même phénomène se passe. L'excès de certains principes fait que tel tissu se nourrit, tandis que les autres s'atrophient.

Je n'entrerai pas dans le développement de cette idée, qui est le véritable point de vue sous lequel il faut envisager une partie de la nosologie. Car un certain nombre de maladies, je ne dis pas affections, viennent de l'excès ou du défaut de tels ou tels principes immédiats.

En tout cas, il ne faut jamais accepter l'argument Dieu ; car l'argument Dieu n'est que l'argument des paresseux et des ignorants ! Si l'on s'en était arrêté à cet argument, nous serions aussi peu avancés qu'il y a 1000 ans. L'argument Dieu est un argument négatif !

Mort. — Bichat (1) dit qu'on meurt par le cerveau, par les poumons et par le cœur (*ultimum moriens*).

L'ouvrage de Bichat sent la fièvre d'activité dont l'auteur était possédé. Bichat n'a pas pris le temps de réfléchir, il a écrit d'après une théorie imaginaire. Son activité dévorante, son besoin de savoir davantage, font qu'il enseigne tout ce qu'il observe, plus même qu'il n'observe. Le temps lui manque pour la réflexion. Il ne relit même pas ce qu'il écrit. Quand il ne sait pas, quand il ne trouve pas, il invente, il veut remplacer Dieu. Il fait l'homme avec des organes qu'il suppose qu'il doit avoir, et il s'approche de la vérité. Les vaisseaux exhalants et absorbants n'existent pas, mais l'endosmose et l'exosmose les remplacent. Bichat est un esprit puissant, mais ses ouvrages sont un peu romantiques.

Bichat fait mourir par le cerveau, par les poumons et par le cœur. Pourquoi les poumons et le cœur, fonctions primordiales de la nutrition, à l'exclusion de l'estomac, de la peau et des reins ? C'est inexplicable de la

(1) *Recherches sur la vie et la mort.* Nouv. édit. avec notes par Magendie, Paris, 1832.

part d'un esprit aussi philosophique que celui de Bichat. L'estomac fait aussi bien mourir que les poumons,
et la peau aussi bien que le cœur.

Nous plaçons la fonction cutanée au rang des fonctions
de conservation de l'individu, et nous avons déjà montré,
par des exemples pris dans le règne animal, que le froid
humide, que la malpropreté, etc., causent la mort.

Je veux montrer par quelques exemples que la peau est
moins tolérante que le cerveau, les poumons et le cœur.

Mais, avant de parler des désordres matériels du cerveau, compatibles avec la vie, je dirai quelques mots
du cerveau.

Le *cerveau* n'est pas l'organe principal d'un appareil
de la fonction de nutrition. Le cerveau n'est pas le siége
d'une fonction vitale. Le cerveau n'est pas essentiel à la
vie, comme nous le verrons bientôt. Le cerveau man-
quant, la vie organique, végétative, offre plus de régularité, au contraire. Le cerveau donne à l'homme une
faculté spéciale, la *sociabilité*. La sociabilité est d'autant plus grande, que l'homme a les facultés cérébrales
plus développées. La sociabilité est nulle ou presque
nulle chez les crétins, elle est très-développée chez les
hommes qui cultivent les sciences cosmologiques ou
noologiques. Cette faculté sollicite ces derniers à se réu-
nir en société pour se communiquer leurs idées, et
étudier ensemble les lois qui régissent les mondes et
l'humanité; ou bien cette faculté leur fait choisir la

solitude ; mais c'est encore pour méditer et écrire, autre genre de sociabilité.

Le cerveau est le siége du gouvernement de la république organique. C'est dans le cerveau que réside l'âme, l'archée, avec toutes ses aménités et toutes ses fureurs. Du cerveau naissent quatre ordres d'organes que nous appelons les nerfs. Ces nerfs sont les ministres de l'État ; ces nerfs sont : les nerfs sensitifs, les nerfs moteurs, les nerfs de sensibilité spéciale, et le grand sympathique.

Le grand sympathique envoie ses rameaux à tous les organes des appareils des fonctions de conservation de l'individu. Il accompagne surtout les vaisseaux sanguins. Il est le régulateur du cœur ; il voit si la distribution du liquide nourricier, le sang, se fait justement et également. Si tous les nerfs du système cérébro-spinal qui se rendent au cerveau n'existaient pas, si on les coupait ou si on enlevait le cerveau, cette régularité serait constante ; ni les maladies, ni les émotions morales, ni aucune cause possible ne pourrait troubler la régularité du cœur. Le grand sympathique est un ministre de l'intérieur parfaitement équitable.

Les nerfs sensitifs s'occupent des relations extérieures, ils perçoivent le chaud, le froid. Les objets qui sont en contact avec notre peau les impressionnent, ils en avertissent l'archée qui transmet ses ordres par les nerfs moteurs.

Les nerfs moteurs font agir les systèmes suivant les

7.

ordres de l'archée, aussi nous transportons-nous dans tel ou tel lieu, nous mettons-nous dans telle ou telle condition pour ne pas avoir trop chaud ou trop froid. Nous agissons, nous allons, nous venons suivant le caprice de l'archée qui réside au cerveau.

Les nerfs de la sensibilité spéciale sont les obligeants, les courtisans, les ambassadeurs de l'archée. Ils la préviennent de ce qui est beau et harmonieux ; par eux, elle sent les parfums, elle goûte ce qui est bon et savoureux ; par eux enfin, elle sait ce qui est bien fait.

J'ai avancé quelque chose qui, peut-être, paraîtra surprenant. Je disais que le cerveau n'est pas un organe essentiel à la vie, et que, lorsqu'il manquait, la vie végétative n'en était pas troublée, qu'elle était plus régulière, au contraire. En effet, l'homme, l'organisme est un gros État, une grosse république. Son cerveau lui donne des passions qui font le bonheur ou le malheur de sa vie ; mais regardez les petits États, les êtres inférieurs, qui n'ont pas de cerveau, tout se passe chez eux avec une régularité parfaite. Ils n'ont ni passions ni émotions qui troublent leur vie matérielle.

M. Flourens (1) nous apprend qu'en cherchant à localiser, à déterminer topographiquement les facultés cérébrales, il a été amené à détruire successivement toutes les parties encéphaliques des animaux qui servaient à

_____

(1) *Recherches expérimentales sur les fonctions et les propriétés du système nerveux dans les animaux vertébrés.* 2ᵉ Édition, Paris 1842.

ses expériences. Il a enlevé entièrement le cerveau à des animaux en ne respectant que le *nœud vital*, et il a gardé des poules et des pigeons ainsi mutilés pendant des années entières, vivant sans cervelle, et chez qui les fonctions de nutrition étaient parfaitement régulières.

La maladie nous offre souvent l'occasion d'observer la régularité parfaite de la nutrition chez l'homme dont le cerveau est détruit en partie ou en totalité (1). Qu'observons-nous dans les membres paralysés? Que constamment la température y est égale, et qu'elle se rapproche beaucoup de la température du cœur. Les membres paralysés par suite d'apoplexie cérébrale ne maigrissent pas, on a constaté que les plaies faites à ces membres se guérissaient plus vite que dans les membres agissants.

Dans les salles d'autopsie, on trouve quelquefois des désordres effrayants du cerveau, qui n'avaient même pas été soupçonnés pendant la vie. Il me souvient d'avoir vu, à l'hôpital Beaujon, un cas où la boîte crânienne était remplie par trois énormes abcès sans que le malade eût manifesté de troubles de l'innervation pendant la vie.

Ainsi, on voit que le cerveau n'est pas un organe essentiel à la vie. Il peut donc être détruit en entier sans troubler la nutrition.

---

(1) J'ai publié, dans la *Gazette des hôpitaux*, un cas de fracture du crâne avec issue de substance cérébrale parfaitement guérie. Les journaux de médecine publient souvent des faits semblables.

Les poumons et le cœur, par lesquels Bichat fait encore mourir, sont pris arbitrairement parmi les organes des fonctions de conservation de l'individu. Les autres organes ont les mêmes priviléges, et la peau, par exemple, n'est pas plus tolérante que ces organes, elle l'est moins comme je vais le démontrer encore.

Les *poumons* peuvent être le siége d'altérations organiques fort étendues sans que la mort s'ensuive. Ainsi, on observe des pneumonies doubles dans lesquelles les deux poumons sont hépatisés presque complétement, et les malades ne meurent pas.

On observe des épanchements pleurétiques complets qui ratatinent, qui compriment tellement un poumon, que celui-ci est complétement imperméable à l'air. Dans ces cas, qui sont très-fréquents, non-seulement la vie continue, mais j'ai observé tels malades qui se trouvaient à peine gênés, et qui étaient surpris de voir la quantité de liquide que je leur retirais de la poitrine par la thoracocentèse. Ces épanchements si peu gênants sont spontanés et se font presque exclusivement du côté gauche.

La fonte tuberculeuse des poumons peut aller si loin, que parfois il ne reste plus de vésicules pulmonaires. Chaque médecin a, dans sa clientèle, tels malades pour qui la vie lui semble un problème, tellement le poumon gauche est détruit.

Je ferai à cet égard une remarque, que j'ai déjà faite

pour les épanchements pleurétiques. Les désordres matériels du poumon gauche seul peuvent aller jusqu'à la destruction presque complète de l'organe sans faire mourir.

Certains tuberculeux, du poumon gauche, traînent des années entières une vie misérable, tandis que la même affection, à droite, est plus rapidement mortelle. Je ne sache pas que, jusqu'à aujourd'hui, on ait trouvé une raison anatomique ou physiologique satisfaisante de cette observation. Est-ce parce que le poumon droit a trois lobes? Est-ce parce que le cœur est à gauche?

Le *cœur*, *ultimum moriens* de Bichat, ne le cède en rien en tolérance aux organes mortuaires que nous venons d'examiner. Le cœur peut être le siége de lésions très-graves sans que le malade meure. Tous les médecins ont vu des dilatations anévrysmales ou des rétrécissements des orifices tels, qu'il est très-difficile de comprendre comment la circulation du liquide nourricier ait pu se faire et entretenir la nutrition jusqu'à la mort du malade. Et cependant, combien de gens ont des maladies de cœur qui vivent de nombreuses années! Il y a même des malades qui meurent sans savoir qu'ils ont une maladie du cœur. Corvisart a dit de ces malades : *Hæret lateri lethalis arundo*, mais il n'a pas dit combien de temps le trait de la mort pouvait rester fixé aux flancs des malades.

La *peau*, au contraire, ne peut pas être détruite ou

profondément lésée dans plus du 1/5 ou du 1/4 de sa superficie *actuelle* sans entraîner la mort.

J'ai déjà fait voir combien la mort venait rapidement chez les sujets où la fonction cutanée, la sudorification était empêchée par le froid ou par la malpropreté. Je vais prendre quelques exemples de destruction plus ou moins étendue de la peau ou de l'épiderme par les brûlures. Et nous verrons que, si on peut détruire tout le cerveau, il n'en n'est plus de même pour la peau.

Les brûlures qui intéressent plus du 1/5 de la superficie de la peau sont fatalement mortelles. Les brûlés meurent plus ou moins rapidement, suivant l'étendue de la brûlure. Si les brûlés ne sont pas tués immédiatement, au bout de trois jours ordinairement la réaction se fait et les malades meurent d'hémorrhagie, le plus habituellement du tube intestinal, entre le troisième et le huitième jour.

J'ai eu beaucoup de brûlés à soigner, je parle donc par expérience et d'après des observations bien notées. C'est l'étendue de la brûlure et non sa profondeur qui en fait toute la gravité, immédiatement, à cause du trouble apporté dans la fonction cutanée. Plus tard, c'est la profondeur qu'il faut considérer à cause de la suppuration consécutive. Le caustique a aussi son importance.

Je vais rapporter ici trois cas de brûlure, je serai bref dans mon exposition.

Les premiers jours de janvier 1862 je fus appelé à la forge de Pereuil pour voir un enfant brûlé. Le grand-père lui avait acheté un cheval mécanique pour ses étrennes. L'enfant traînait son cheval à l'aide d'un lien passé au cou, et, pour voir le cheval le suivre, il allait à reculons. Il vint alors se heurter les talons contre une benne pleine d'eau bouillante. Il tomba à la renverse dans cette benne et se brûla très-superficiellement à cause d'un drap qui la recouvrait. La brûlure, dis-je, immédiatement après l'accident, paraissait ne devoir rien être, l'enfant qu'on avait couché voulait se lever et s'amuser. Le lendemain et le soir même, lors de mon arrivée, on remarquait quelques petites phlyctènes sur le dos, les fesses, les cuisses et les côtés. Cinq jours après, cet enfant mourut d'hémorrhagie gastrique et intestinale, ayant la peau glacée malgré les linges chauds et les sachets de sable chaud dont on l'entourait.

Le lendemain je fus appelé à Essertenne pour un autre enfant brûlé exactement dans les mêmes circonstances. Seulement la brûlure était plus forte et plus étendue, et l'enfant mourut dans les 12 heures.

En 1862, un ouvrier de l'usine de produits chimiques de Saint-Bérain laissa encroûter une chaudière remplie de 2,000 à 3,000 kilogrammes de potasse caustique en ébullition. Au bout de plusieurs heures il vint remuer sa potasse. En plongeant son ringard dans le li-

quide, une partie de la croûte se détacha du fond de la
bouilloire ; dans cette partie, le fond de la bouilloire
était rougi. Le liquide, arrivant sur cette surface trop
chaude, fit immédiatement de gros bouillons, il s'é-
chappa du vase et inonda le malheureux ouvrier qui,
pour éviter les flots du liquide, se jeta vivement en
arrière et tomba à la renverse d'une balustrade de
4 mètres de hauteur. On le plongea immédiatement
dans une solution faible d'acide sulfurique, on le lava
à grande eau dans un baquet constamment prêt pour
les accidents. Quoique le brûlé poussât des hurlements,
la brûlure paraissait limitée à un examen superficiel ;
mais elle s'étendit à tout le corps, et bientôt la peau
tomba tout entière par lambeaux. Le malade mourut
le huitième jour d'hémorrhagie intestinale, il perdit
devant moi plus de 4 ou 5 litres de sang.

Dans la même usine un autre ouvrier tomba dans
une bouilloire d'acide sulfurique. La brûlure intéressa
toute la jambe, le pied et le tiers inférieur de la cuisse.
On le plongea immédiatement dans une solution alcaline. Ce malade guérit vite et sans cicatrice, mais il eut
des hémorrhagies intestinales et nasales excessivement abondantes auxquelles il ne résista qu'à cause
de sa constitution très-robuste.

Je pourrais citer indéfiniment des faits à l'appui de
l'importance vitale de la peau. Ce que je viens d'en
dire suffit pour montrer qu'elle est moins tolérante que

le *Trio mortuaire* de Bichat. Ce que j'ai dit de la peau, je pourrais le répéter pour l'estomac et pour les reins.

Ma conclusion est qu'il n'y a qu'un genre de mort admissible dans l'état actuel de la science physiologique, c'est celui par cessation de la nutrition.

Le malade comprend maintenant quel enchaînément, quelle corrélation, quelle action réciproque les organes ont les uns sur les autres. Il comprend que l'affection locale devient bientôt maladie, et que la maladie produit des troubles dans la nutrition, et que ces troubles produisent le refroidissement de l'organisme, et qu'enfin le refroidissement ne saurait avoir un calorifique plus actif que le soleil.

En résumé, que la grande fonction de nutrition ou qu'une ou plusieurs des fonctions primordiales de cette même nutrition soient troublées par des maladies héréditaires, par des maladies chroniques ou enfin par des maladies aiguës, ou des accidents de longues durées, ces troubles se traduisent par un refroidissement de l'organisme. Or, quand ce refroidissement est considérable, ce qui se juge par l'état des forces du malade, il faut, pour rétablir une telle constitution, une station hivernale convenable.

CHAPITRE V

ACTION DU SOLEIL SUR UN ORGANISME DONT LES FONCTIONS DE NUTRITION SONT PROFONDÉMENT TROUBLÉES.

On ne peut pas engager les malades à venir dans les pays chauds sans leur expliquer l'action vraiment miraculeuse du soleil.

Toutes les causes d'affaiblissement ont pour résultat le refroidissement de l'organisme. Nous avons vu comment chaque cause agit sur chaque fonction primordiale séparément, et comment, par le fait de la suppléance fonctionnelle, toutes se trouvent intéressées quand l'une d'entre elles souffre. Nous avons vu que dans les fonctions primordiales de la nutrition : une est chargée de fournir au sang les matériaux assimilables ou propres à l'entretien de la vie; qu'une autre charrie ces matériaux; qu'une troisième restaure et élimine en même temps; que les deux autres enfin sont éliminatrices, ou, si on aime mieux, qu'elles sont chargées d'expulser du sang les produits de la décomposition nutritive, produits de la deuxième classe, produits excrémentitiels. Dans le nombre des fonctions primordiales de la nutrition, trois sont donc excrémentitielles ou éliminatrices.

Pourquoi le Créateur a-t-il multiplié ainsi les fonctions chargées de dépurer le sang? Pourquoi les a-t-il rendues plus spécialement adjuvantes les unes des autres comme on peut en voir un exemple si remarquable dans la troisième observation? C'est évidemment pour que le sang puisse rejeter facilement les produits délétères qui pourraient altérer sa composition et le rendre impropre à entretenir la fonction de nutrition : la vie.

La peau et les poumons sont les organes principaux de deux fonctions excrémentitielles. Ces organes ont la plus grande ressemblance fonctionnelle. Ainsi chez les animaux inférieurs la peau est l'organe respiratoire, chez l'homme elle exhale aussi des gaz, et, si elle en exhale, il est infiniment probable qu'elle en absorbe. J'ai déjà suffisamment entretenu le lecteur de toutes les merveilles de structure et des fonctions de la peau.

La peau et les poumons sont les organes de la fonction de nutrition les plus exposés aux influences météorologiques, c'est donc sur eux que nous allons étudier l'action merveilleuse du soleil.

Pendant que la peau est anémiée, tous les autres organes des fonctions de conservation de l'individu sont hypérémiés, au contraire ; car le sang qui fait défaut à la peau engorge ces autres organes.

Voyons donc ce qui se passe dans l'organisme d'un malade qui arrive à Antibes. Il vient de quitter un pays froid, humide, rempli de brouillards que le soleil ne peut pas percer ; il trouve à Antibes un pays chaud, un air très-sec comparativement, un soleil radieux. Le premier effet de ce changement de climat se fait sentir sur la peau ; de blanche, décolorée, froide qu'elle était, elle devient rosée, chaude et s'anime. Les capillaires cutanés s'injectent et deviennent bientôt turgides. La nutrition languissante se réveille par l'excitation du sang, et ce réveil de la nutrition appelle plus de sang encore.

Où l'organisme prend-il le sang qui va à la peau ? Où il y en a : dans les autres organes de la nutrition qui sont hypérémiés. Plus la peau s'anime, mieux elle fonctionne ; plus elle reçoit de sang, moins il en reste pour les autres organes ; la pression sanguine diminuant chez eux, les fonctions deviennent régulières, et tout rentre dans l'ordre rapidement, avec une merveilleuse promptitude ! on peut s'en rendre compte en lisant ma première et ma troisième observation.

Ce retour immédiat à la santé, cette réaction si bienfaisante a un danger que rarement les malades peuvent éviter; car on éprouve une chaleur presque insupportable, la vigueur que l'on ressent est si vive, que l'on se promène, on marche, on court, et, pour faire tout cela, on se déshabille, à cause des sueurs qui vous inondent. Les variations de température du soleil à l'ombre sont saisissantes ; ces variations vous causent presque sans exception un dérangement après un temps plus ou moins long. Les trois observations que je rapporte dans la deuxième partie de ce travail sont là pour le certifier.

Nous venons de voir comment le sang ranime la peau dans les pays chauds, voyons actuellement comment les autres organes se décongestionnent. Je prends pour exemple les poumons. Les vaisseaux pulmonaires étaient turgides, dilatés jusqu'aux limites de la tonicité; sous cette pression ils laissaient transsuder de la fibrine, de l'albumine, etc..... qui produisaient un catarrhe gênant pour l'hématose. Mais aussitôt que la peau s'anime, qu'elle reçoit un peu de sang, puis beaucoup de sang, la pression diminue, le calibre des vaisseaux diminue, la transsudation s'arrête et le catarrhe disparaît.

La même chose se passe aux reins, dans le tube intestinal, au cœur. L'organisme fonctionne bien et la nutrition devient régulière et partout complète !

Voyons maintenant par quel mécanisme vraiment admirable la muqueuse bronchique se débarrasse des obstacles à la respiration.

Les membranes muqueuses sont tapissées d'éléments anatomiques que l'on nomme cellules épithéliales. Les cellules épithéliales sont de forme et de grandeur différentes, c'est ce qui leur a fait donner le nom de :

Épithélium pavimenteux, sphérique, nucléaire, et
cylindrique ou prismatique.

L'épithélium s'appelle pavimenteux quand les cellules sont légèrement aplaties et qu'elles sont rangées
les unes à côté des autres en se déprimant par leur côté
contigu. Ces cellules ainsi comprimées et rangées prennent l'aspect du carrelage d'une chambre, d'où le nom
de pavimenteux, de pavé. Chaque cellule a un ou deux
noyaux.

L'épithélium sphérique tire son nom de ce qu'il ressemble à une petite sphère. Il a un noyau semblable à
celui du pavimenteux.

L'épithélium nucléaire se nomme ainsi parce que ses
cellules sont très-petites et qu'elles ressemblent aux
noyaux des autres épithéliums.

L'épithélium prismatique ressemble à de petits pris-
mes placés les uns à côté des autres. Une tête de *soleil*
garnie de ses grains ressemble à une muqueuse tapissée
d'épithélium prismatique. L'extrémité libre de cet
épithélium est munie de cils vibratiles qui sont doués
d'un mouvement singulier et très-vif. Les cils vibratiles
ne sont pas propres exclusivement à l'épithélium prismatique. Les éléments épithéliaux des autres variétés
en sont quelquefois munis dans certaines conditions.
Ce sont ces cils vibratiles qui méritent toute notre attention.

Les cils vibratiles ont pour fonction spéciale de débarrasser les bronches des corps étrangers, des crachats que ces mêmes bronches malades ont sécrétés. Ces cils, par leur mouvement incessant fait dans un certain sens, remontent les crachats des vésicules bronchiques aux bronchiles, des bronchiles aux petites bronches et ainsi de suite jusqu'à ce que les mucosités arrivent dans des bronches d'un calibre suffisant pour que l'air passé au-dessous de ces crachats puisse les expulser par l'acte de la toux.

Si le lecteur veut se rendre témoin de ce joli mécanisme, qu'il prenne une grenouille ; qu'il lui ouvre avec précaution une certaine longueur de l'intestin ; qu'il lave cet intestin, puis qu'il le place sur une planchette mouillée en ayant soin de bien l'étaler et de ne pas le tordre. Il mettra sur la face interne et médiane de cet intestin une pincée de poudre de charbon végétal. Il sera fort surpris, au bout de quelques heures, de trouver sa poudre de charbon arrivée à une des extrémités de sa portion d'intestin et peut-être de la trouver rejetée complétement de dessus l'intestin.

L'étude des infiniment petits confond d'admiration !

DEUXIÈME PARTIE

OBSERVATIONS MÉDICALES

Après avoir passé en revue les différentes maladies qui pourront trouver aux stations d'hiver une guérison presque certaine, et avant d'exposer les motifs de la préférence que je crois devoir accorder à Antibes, je veux raconter dans quel état d'épuisement et de souffrance se trouvaient madame B..., son mari avec qui je suis venu à Antibes et monsieur V..., qui est venu nous rejoindre dans cette ville, où il a trouvé une grande amélioration à un état très-inquiétant.

Iʳᵉ *Observation.* — Madame B... a vingt-trois ans, elle est blonde, délicate, lymphatico-nerveuse.

En 1862, le 25 février, cette jeune dame fit un avortement déterminé par une chute sur les reins, au cinquième mois et demi de sa grossesse.

La chute eut lieu le 24 décembre 1861, en descendant un escalier ; elle détermina un décollement partiel du placenta. Tout d'abord, cette chute ne parut devoir amener rien de fâcheux. Cette dame se releva seule,

monta en voiture et, riant de sa mésaventure, se fit con-
duire à D.... pour y passer la soirée. Elle ne sentait aucune douleur.

Cette chute avait eu lieu à 6 heures du soir ; mais, à
minuit, alors que la soirée était très-animée, notre malade ressentit brusquement un point très-douloureux
à droite du ventre. J'étais moi-même à D...; cette dame
me confia ses angoisses et je l'accompagnai chez elle.

L'examen du point douloureux ne présentait rien de
particulier, pas de rougeur, pas de tuméfaction, pas de
douleur vive à la pression. La douleur était peu vive,
sourde, profonde, elle n'a été aiguë qu'un seul instant à D...

Le fœtus s'agitait convulsivement, il était évidemment gêné, il souffrait, il était peut-être blessé.

Quelle était la cause de la douleur de la mère ? Loca-
lement il n'y avait rien de particulier ; une blessure du
fœtus n'aurait pas été ressentie par la mère, et cependant le fœtus souffrait, la mère souffrait aussi. Les enveloppes fœtales paraissaient intactes ; car la malade ne
perdait rien et n'éprouvait pas de contractions uté-
rines. L'organe lésé intéressait cependant la mère et
l'enfant. Le placenta décollé à sa partie centrale pouvait seul être blessé et remplir toutes les données du
problème : tel fut donc mon diagnostic. Dans la chute,
le fœtus entouré par le cordon l'avait tiré brusquement
et avait décollé le placenta.

La mère fut mise au lit ; elle garda le repos le plus absolu ; elle prit des infusions calmantes ; la douleur, sans être vive, ni pongitive, semblait pesante, dilatatoire; elle avait de faibles sensations de déchirement.

L'épanchement inter-utéro-placentaire amena enfin un décollement total ou très-considérable du délivre.

L'enfant continua à vivre huit jours après la chute de la mère ; mais ses mouvements étaient violents, saccadés, convulsifs, ils annonçaient une grande souffrance de sa part. Il mourut le huitième jour.

La mère continua à porter dans son sein, pendant 54 jours, un enfant mort, sans que l'utérus entrât en contractions, sans le moindre signe expulsif de sa part, sans que le sang de l'épanchement inter-utéro-placentaire s'écoulât. Qu'est devenu ce sang épanché ? S'est-il résorbé ? La mère a gardé, fort longtemps après, une douleur au côté droit du ventre. Elle la ressent encore quelquefois.

Depuis la mort de l'enfant qui eut lieu le 2 janvier 1862, jusqu'au 25 février, jour de la délivrance, la mère passa par une série de phases dont je vais signaler les principales.

Au milieu de janvier, l'enfant commençait à se décomposer, la mère éprouva alors des malaises, une accélération du pouls avec frissons et sueurs froides. Les sueurs devinrent bientôt profuses, elles amenèrent une éruption miliaire. L'haleine de la malade devint horriblement fétide, ses gencives se boursouflèrent, elle eut des vertiges.

Je prescrivis une quantité énorme de boissons acides, citronnade, orangeade, du sulfate de quinine dans du café noir, un régime substantiel et aussi tonique que possible.

Malgré l'ingestion par jour de 4 ou 5 litres de limonade et de boissons diurétiques, les urines étaient fortement sédimenteuses quoique très-abondantes.

Le développement utérin était très-considérable au moment de la chute. Il resta avec le même volume apparent jusqu'après la mort de l'enfant ; mais, à partir du 15 janvier, le ventre diminua sensiblement de volume. Il devint mou, ce qui permettait de sentir par la palpation les différentes parties du fœtus.

Le 20 février, il ne restait presque plus de liquide amniotique ; il était presque complétement résorbé. L'absorption de ce liquide causa à la malade les accidents de résorption putride dont j'ai déjà parlé. Cette résorption me causa une vive inquiétude. Le ventre était devenu si petit, que *de visu* la grossesse était mise en doute par quelques confrères qui voulurent bien m'éclairer de leurs conseils.

Depuis le 15 janvier, jusqu'au jour de la délivrance, le pouls fut toujours à plus de 100 pulsations. La sueur fut très-abondante. L'éruption miliaire ne disparut pas un seul instant; elle affecta une forme erratique. Elle occupait tantôt les aisselles et s'étendait jusqu'à la poitrine, tantôt les bras, tantôt les jambes. Sur ces dernières, on voyait une sueur si abondante, qu'elle sourdait en quelque sorte. L'haleine de la malade resta toujours fétide et les gencives scorbutiques. Les cheveux de cette dame tombaient par poignées, ses dents devinrent branlantes et deux d'entre elles commencèrent à se gâter.

La lactation commença aussitôt après la mort de l'enfant, je veux dire depuis le commencement de janvier. Elle était très-abondante; elle entra pour beaucoup dans l'affaiblissement de cette malade.

Le 24 février, dans la soirée, le travail commença enfin et le 25, aussitôt que le col fut perméable, je terminai rapidement l'accouchement avec l'aide de mon confrère et ami le docteur L.....

Le fœtus vint à sec, en quelque sorte, ce qui restait du liquide amniotique pouvait représenter, au plus, un demi-verre de liquide. C'était un pus fétide brun. L'enfant se présentait par l'extrémité pelvienne, et le seul obstacle à une délivrance en un tour de main, si je puis ainsi dire, fut le ventre du fœtus prodigieusement dilaté par des gaz. Il me fallut tirer de toutes mes forces sur les extrémités pelviennes pour faire passer le ventre. La difficulté était augmentée par l'état de macération de la peau dont l'épiderme se détachait,

8.

venait dans les mains et rendait les cuisses et les jambes très-glissantes.

Après la délivrance, M. le docteur L..... et moi, nous pûmes nous convaincre, que le placenta avait été décollé par la chute de la mère, que ce décollement, ayant amené un épanchement inter-utéro-placentaire, avait déterminé la douleur ressentie par la mère, au côté droit du ventre. Ce qu'il y a de singulier, ce qu'il y a de surprenant, c'est que l'épanchement ne se soit pas fait jour, en décollant les enveloppes fœtales, et ne se soit pas manifesté par une perte sanguine immédiate. Le caillot s'est évidemment résorbé. La douleur que ressent la malade au côté droit est peut-être occasionnée par un petit noyau qui y reste encore.

Le placenta était noir, ratatiné et dans un état de décomposition si avancée, que mon confrère le sentit se mettre en bouillie sous ses doigts quand il tenta de l'extraire. Nous fûmes obligé de passer la main par-dessus le délivre pour l'extraire sous forme d'un gros caillot infect presque complétement désorganisé. .

Pendant cet accouchement, la malade ne perdit pas un demi-verre de sang.

Les boissons diurétiques longtemps continuées, un régime tonique, la jeunesse et le soleil du printemps remirent assez promptement cette intéressante malade de ce premier assaut qui aurait pu avoir les plus graves conséquences, sans une surveillance continue et de chaque instant.

Le 18 septembre de la même année 1862, cette jeune dame fit une fausse couche de 15 jours ou de 3 semaines. Voilà en quelle circonstance.

Cette dame et quelques amies se donnèrent rendez-vous pour aller de l'autre côté de D... voir une amie commune et passer quelques jours auprès d'elle. Ma jeune malade avait depuis longtemps une constipation opiniâtre que rien ne pouvait combattre, sinon des lavements émollients souvent répétés.

Après plusieurs heures de chemin de fer, après 4 heures de voiture, on arriva à L..... Notre malade éprouva des coliques vives, et pendant trois jours que ces dames restèrent chez cette amie, ses coliques ne firent qu'augmenter. Elle remonta en voiture, puis en chemin de fer et rentra chez elle pour faire une fausse-couche. Cet accident n'ébranla en rien sa santé. Ce ne fut qu'une époque cataméniale abondante. Cette dame ne savait même pas qu'elle fût enceinte.

J'ai mentionné ce fait dans cette narration, non pour sa valeur intrinsèque, mais pour faire l'histoire complète de cet état d'épuisement qui fut si rapidement amélioré à Antibes, et bien plus encore pour montrer que l'utérus qui avait été si étrangement tolérant, lors du premier accident, était devenu très-susceptible, depuis cette époque.

Au mois de juin 1863, cette jeune dame devint de nouveau enceinte, au moment où elle devait aller à Évian prendre les eaux alcalines et ferrugineuses pour terminer complétement sa guérison. Aussitôt que je fus assuré qu'elle était grosse, je lui fis garder le lit pour ménager la susceptibilité utérine devenue très-grande, comme je l'ai dit plus haut, depuis l'accident de septembre 1862.

A la fin de juillet, au quantième correspondant à l'époque cataméniale, cette dame eut des douleurs de reins, des contractions, des pertes de glaires sanguinolentes. Une fausse couche était imminente.

Un lavement de 30 gouttes de laudanum de Sydenham arrêta court ce premier trouble de la grossesse.

Le 26 août, nouvelle menace de fausse couche; nouveau lavement laudanisé à 30 gouttes. La nuit suivante et la journée du 27 sont très-calmes; tout paraît de nouveau conjuré.

Le 27 au soir, petites coliques, nouveau lavement laudanisé. La malade s'endort à 8 heures du soir, le sommeil est calme, le pouls un peu serré, mais il ne présente rien d'inquiétant, la nuit semble devoir être bonne. Cette dame ressent son point douloureux du côté droit du ventre, mais il est plus bas que la première fois.

Le 28, je me rendis à 4 heures du matin près de cette dame, dont l'état me préoccupait. Ma présence la fit sortir d'un cauchemar affreux. Je la trouvai baignant dans son sang, avec un fœtus dans le conduit utéro-vulvaire. Les pieds de l'embryon sortaient de la vulve, le tronc était dans le conduit et la tête dans l'organe gestateur. Une fausse couche sans douleur (1) ! Les contractions s'étaient soutenues; elles étaient devenues expulsives; le laudanum les avait rendues indolentes.

J'enlevai le fœtus. Mes contractions, même très-faibles, produisirent la décollation. La tête et le délivre restèrent dans l'utérus; le col se rétracta et devint très-rigide. La tête et le délivre, restés dans l'utérus, déterminèrent bientôt une perte effrayante. Le sang coulait en jet.

Il était impossible de retarder d'une seule minute la délivrance. Je dus, en appuyant fortement sur le ventre, faire descendre l'utérus dans l'excavation, introduire la première phalange de l'indicateur dans le col et, recourbant mon doigt en crochet, attirer l'organe de la gestation jusqu'à la vulve.

Le poing de ma main gauche appuyant fortement sur le ventre et déprimant celui-ci dans l'excavation, autant que mes forces le permettaient, je maintins

---

(1) Cet accouchement sans douleur m'a frappé. Quand j'en aurai l'occasion, j'essayerai de nouveau le laudanum, dans les cas de dilatations longues et douloureuses, comme on en observe fréquemment chez les vieilles primipares.

l'utérus à la vulve. Je pus, après une manœuvre assez
longue et horriblement douloureuse, introduire presque tout mon doigt dans l'organe. J'exerçai alors le
broiement de tout ce que je pus atteindre et le décollement complet du délivre que je réduisis en bouillie.
Je retirai ensuite de l'organe tout ce que je pus en me
servant de mon doigt comme d'une curette. La tête et
le délivre presqu'en entier furent ainsi extraits séance
tenante (1). La perte s'arrêta immédiatement. Les jours
suivants, il sortit encore quelques petits lambeaux
des enveloppes fœtales mêlées de quelques petits
caillots.

Je n'exagère pas en disant que ma pauvre malade
avait perdu 5 ou 6 litres de sang. Draps, matelas, lit de
plume, etc., tout était percé; le sang ruisselait dans la
chambre, et on enleva au moins deux litres et demi à
trois litres de caillots. Si j'avais retardé ma visite de
quelques instants, je n'aurais probablement trouvé

(1) Cette manœuvre du broiement du délivre dans les fausses
couches m'est habituelle. Je l'ai déjà pratiquée un grand nombre
de fois. J'ai toujours été assez heureux pour arrêter de cette manière
des pertes remontant à 4, 5 et même 8 jours. Les fausses couches
sont très-nombreuses à la campagne, et les sages-femmes qui sont
d'abord appelées, restent les bras croisés en attendant l'expulsion
spontanée du *faux germe*. C'est ainsi qu'elles appellent toute fausse
couche jusqu'après 2 mois. Pour elles, il faut des fœtus d'un kilogramme pour reconnaître un *vrai germe*. Les médecins ne sont
appelés que quand les patientes sont exsangues et qu'il faut agir
vite, qu'il faut broyer le délivre pour l'extraire.

qu'un cadavre. La malade était froide et presque insensible, ce qui m'a permis de me livrer plus rapidement et
plus violemment à ma trituration placentaire.

Chez une femme forte, très-robuste même, cette
perte eût déterminé des symptômes anémiques sérieux.
Chez elle, petite femme blonde, lymphatico-nerveuse,
ces accidents furent inquiétants.

Après une perte semblable et dans un pareil état de
faiblesse, on ne devait pas craindre de fièvre lactée.
Eh bien ! au contraire, le 1er septembre les seins devinrent très-durs, la fièvre fut vive, la lactation se montra
très-abondante et dura plus de six semaines.

Au bout de huit jours après la fausse couche, tout
le cortége symptomatologique de l'anémie se montra
avec une très-grande intensité : faiblesses à chaque
instant, lipothymies non-seulement en soulevant ou en
déplaçant la tête, mais en détournant les yeux; voix
éteinte ; digestions des plus laborieuses ; pouls à peine
perceptible, très-précipité ; souffle continu au cœur et
aux artères du cou ; sifflement insupportable des oreilles ; peau couverte d'une sueur froide. Il survint bientôt une toux sèche, férine ; les jambes s'engorgèrent,
puis un ganglion sous-maxillaire devint énorme et me-
naça de suppurer.

Je soumis cette dame au régime le plus tonique;
potages au gluten, côtelettes de mouton peu cuites,
sirop de quinquina, pilules de Gilles, vin vieux de

Volnay. Ce régime, elle ne put le suivre que les premiers jours après l'accident. Elle le reprit plus tard. Mais, pendant les accidents intenses, elle ne prit que des jus de viandes.

Malgré la longueur et la difficulté des digestions, j'insistai pour que la malade prît le plus d'aliments possible. Au bout de six semaines elle pouvait rester déjà une heure levée sur un canapé.

A la fin d'octobre un accident terrible survint dans sa famille. Par surcroît de mauvaise fortune, cet accident arriva précisément à l'époque du retour des menstrues. Ma malade eut une perte très-considérable, tous les symptômes de la chloro-anémie redoublèrent et devinrent presqu'aussi intenses qu'au commencement de septembre.

Le cœur surtout, qui était resté avec des pulsations faibles et rares, présenta plus de faiblesse et plus de rareté encore. Il ne battait que 50 ou 55 fois par minute, et souvent il marquait 2 ou 3 pulsations au quart de minute : cauchemars affreux pendant la nuit, sueurs froides, susceptibilité étrange ; le plus petit bruit, la moindre surprise provoquait des spasmes violents du cœur.

Les articulations tibio-tarsiennes, celles des genoux s'engorgèrent. La tuméfaction était sans rougeur, mais douloureuse à la pression. La malade boitait horriblement, ses digestions étaient très-pénibles.

La concomitance de l'engorgement des articulations, avec cet état du cœur ; faiblesse, rareté, irrégularité, gêne des battements avec matité précordiale très-étendue, me firent reconnaître un hydropéricarde considérable. Le bruit de souffle continu du cœur était légèrement râpeux au premier temps ; je crois donc qu'il y eut un commencement d'endocardite et de rétrécissement aortique. Je n'ai rien changé à ma première prescription, le sulfate de quinine remplaça le sirop de quinquina.

Saint-Léger sur Dheune, est situé sur le canal du centre, ses prairies fort étendues sont baignées par la Dheune. Ces prairies sont froides, humides. Sur ces prairies, les brouillards se montrent depuis la fin du mois d'août ; ils sont froids, leur humidité est pénétrante. Cette dame, dans l'état où elle se trouvait, ne pouvait passer son hiver dans un pays semblable sans être condamnée à voir ses engorgements articulaires, sa maladie de cœur, rester stationnaires si toutefois ces affections n'augmentaient pas. Le soleil du printemps et de l'été eût été impuissant pour fondre ces engorgements, pour modifier cet état devenu chronique.

Le 20 novembre, elle partit avec son mari pour aller à Antibes chercher le soleil et la guérison.

Cette dame qui gardait le lit depuis le mois de juin, qui ne se levait que quelques heures à la fin d'octobre et dans le mois de novembre, était installée le 21 novembre, à Antibes dans un appartement bien exposé au midi. Le soleil levant venait lui rendre une visite qu'il prolongeait jusqu'à 4 heures du soir en inondant ses appartements de lumière et de chaleur.

Je fis prendre à ma malade un grand bain alcalin pour bien nettoyer la peau ; elle exposa ensuite ses pieds, puis ses jambes nues aux rayons vivifiants de l'astre radieux. Le dos, la poitrine, le corps entier fut ensuite insolé immédiatement sur un canapé où elle se laissait rôtir pendant des heures entières. Ce moyen balnéaire, dont j'use depuis longtemps, me réussit au delà de mes espérances.

Dans une semaine, l'engorgement sous-maxillaire, qui était de la grosseur d'un œuf de poule, avait diminué des deux tiers sous l'influence solaire ; les jambes avaient séché, les engorgements articulaires avaient disparu, tout avait fondu comme de la glace au soleil. L'appétit devint excellent, vif. Ma malade put sortir, faire le tour des remparts; puis elle fit tous les jours des promenades plus longues, elle alla au fort Carré, à la villa Bessa, au château Thuret, au puits Aymon, au golfe Jouan, etc. C'était une véritable résurrection de Lazare.

Le 10 décembre pendant la nuit, après une journée remplie de joie et de contentement; après une délicieuse promenade au Cap, pendant laquelle cette dame s'était extasiée sur les beautés merveilleuses qu'offrent

les Alpes couvertes de neiges; après avoir admiré longtemps les teintes si variées que les différents pics éclairés par un soleil radieux donnent à ces monstrueux
géants qui dominent Nice, dont les maisons élevées,
blanches et bien rangées, semblent baigner dans la mer;
après avoir dîné gaiement, la nuit, dis-je, ma malade
fut prise subitement d'une suffocation terrible. Elle se
réveilla en sursaut demandant un prêtre; car elle se
sentait mourir; ses yeux étaient hagards, sa peau était
couverte d'une sueur froide, elle se tenait la région précordiale à pleine main pour soulever un poids qui l'é-
touffait. Cette crise dura une demi-heure, puis tout rentra
dans l'ordre; le reste de la nuit, le sommeil fut calme.

Ce qui avait déterminé cet accident, c'était la plénitude de l'estomac, c'était l'hydropéricarde; c'était
probablement une mauvaise position dans le lit. L'hydropéricarde ne s'était pas résorbé comme les autres
épanchements; la matité précordiale était encore fort
étendue.

La malade prit le lendemain un drastique, et un vésicatoire fut appliqué sur le cœur.

La journée et la nuit suivantes furent bonnes. La seconde nuit fut tout entière sans sommeil. Aussitôt que
cette dame fermait les yeux, elle avait la sensation d'une
défaillance; le cœur ne battait plus; la figure, les mains,
les bras, se couvraient d'une sueur froide suivie de frissons violents. Notre malade expliquait ainsi son état :

les battements du cœur cessent, puis vacuité cérébrale, sueur froide, frissons; puis le cœur bat avec précipitation, alors élancements violents dans la tête, puis sensation d'un torrent cérébral qui déprime toute sa personne dans un précipice sans fond.

Pendant ces accidents derniers, l'estomac présenta des états pathologiques différents, tantôt c'était une sensation de plénitude avec éructation sentant les aliments pris dans la journée, tantôt c'était un brûlement. L'estomac néanmoins était indolent au toucher.

La douleur cardiaque était variable, quelquefois c'était une sensation de tension avec douleur s'irradiant dans toute la poitrine et même jusque dans le bras gauche, comme dans l'angine de poitrine, d'autres fois, c'était un pincement à la pointe du cœur.

L'encéphale surtout avait les sensations les plus variées et les plus pénibles. La tête semblait vide, les oreilles chantaient, il y avait des élancements; alors la malade portait la main au sommet pour empêcher sa tête de sauter. Il y avait aussi la sensation d'un torrent furieux qui se jouait de la malade comme d'un fétu et la précipitait dans un abîme sans fond en la faisant tournoyer sur elle-même. La malade avait encore cette sensation singulière d'être séparée de sa tête; cette tête bouillonnante lui semblait appartenir à une autre personne.

Cet état a duré 4 nuits avec une forme intermittente

tierce, c'est-à-dire qu'à une nuit mauvaise succédait une nuit bonne. Les journées étaient toutes bonnes, seulement la malade avait les forces déprimées par l'insomnie.

L'hydropéricarde a diminué rapidement sous l'influence des vésicatoires, la matité a disparu.

Le 20 décembre la malade a repris ses promenades quotidiennes, son appétit est vif, elle ne peut jamais contenter sa faim à table. Le soir elle ne mange qu'un potage au gluten ou au tapioca et un peu de pain bien cuit, avec une grappe de raisin. Ce repas frugal du soir est presque toujours insuffisant, toutes les nuits la malade se réveille avec un léger pincement à l'estomac qui l'invite à manger ; elle prend alors un peu de pain et de chocolat, et se rendort. Ce qui nécessite ce repas si frugal du soir, c'est que ma malade se couche promptement après souper et que sa digestion est difficile au lit. Les premiers jours elle calmait sa faim nocturne avec des infusions calmantes, mais l'effet en était bien vite passé. Maintenant elle mange un peu de chocolat; elle s'en trouve fort bien.

Jusqu'au 22 janvier sa santé fut excellente.

A cette époque, elle ressentit encore quelques vacuités cérébrales, avec une intermittence très-marquée du pouls. Ces accidents ne se montraient que le soir en se couchant. Ces intermittences et ces vacuités ne duraient, comme le disait la malade, que jusqu'à ce qu'elle eût repris son niveau dans le lit. Il y avait probablement quelques adhérences du péricarde qui causaient ces troubles de la circulation.

Elle avait quelquefois une gêne assez marquée du cœur, elle était essoufflée en montant. Je lui conseillai de faire quelques pas à reculons, en tournant le dos à la montagne, et l'essoufflement disparaissait de suite.

Le 20 février, le baromètre avait baissé beaucoup, le ciel était nuageux, il pleuvait par moment, cette dame éprouva des douleurs fugaces dans les genoux. Ces douleurs ne sont plus revenues depuis le retour du beau temps.

Pendant le superbe mois de mars, tous les jours madame B... a fait des promenades très-longues. Elle allait par les champs cueillir les anémones, les violettes, les tulipes, des bouquets de myrte. Elle a pu même faire, à pied, par le sentier des douaniers, le tour du Cap, *Diamant de Provence*. Le tour du Cap n'a pas moins de 14 ou 15 kilomètres. A la fin de mars cette dame était grasse, fraîche, bien portante, méconnaissable.

IIe *Observation*. — Le mari de la dame, qui fait le sujet de la première observation, a trente-cinq ans. Il est d'une constitution très-robuste. Quand il était jeune, il croyait pouvoir braver toutes les intempéries, se livrer aux exercices les plus violents, passer les nuits, chasser des journées entières, en plaine, en montagne, aux marais, sans prendre les moindres précautions. Il avait une activité fébrile. Aujourd'hui il ne se modère encore que très-difficilement.

Quand il était jeune, avant l'âge de vingt ans, la chasse était sa passion dominante, et avec sa nature ardente il chassait à l'excès, car il fait tout avec excès. Mais il avait une sueur aux pieds, ce qui le contrariait beaucoup. Ses pieds toujours baignés dans la sueur se macéraient; la plante des pieds et les orteils s'ulcéraient. Il était obligé alors de garder la chambre, et c'était un véritable supplice pour lui.

Il prit la résolution de faire passer cette sueur si gênante. Malgré toutes les recommandations qu'on put lui faire et qu'il comprenait très-bien, il se mit plusieurs fois par jour les pieds dans de l'eau glacée. Quand il chassait, si la sueur l'incommodait, il se dirigeait vers un ruisseau, s'y trempait les pieds pendant longtemps et continuait ensuite à poursuivre le gibier. La sueur aux pieds passa sans qu'il en éprouvât le moindre dérangement momentané, pas même de mal de tête.

En 1861, dans sa trente-deuxième année, il eut une douleur au gros orteil, il n'y fit pas attention, il crut s'être heurté contre une pierre. La douleur était peu sensible; elle ne dura que deux jours.

En 1861, même année, il eut une nouvelle douleur au pied gauche, mais cette fois la douleur gagna les gaînes tendineuses de la plante du pied et la cheville externe du même pied, cette fois, encore, la douleur fut de courte durée. ·

En 1862, mois de janvier, notre malade fut très-sérieusement pris. Toutes les petites articulations du pied gauche furent malades, le gros orteil du pied droit devint rouge et très-douloureux. Douleur exquise, rougeur vive, le malade ne pouvait trouver aucune bonne place dans son lit. Le pied appuyé sur le talon causait, par son propre poids, des douleurs atroces dans les articulations du pied. Si le pied penchait à droite ou à gauche, il poussait des cris ; il comparait ses douleurs à un arrachement des orteils. Aucune application n'était tolérée sur le pied. La moindre secousse imprimée au lit le faisait horripiler.

Au bout de trois jours, le pied commença à enfler, à suer ; le malade put endurer des cataplasmes très-chauds qui amenèrent heureusement une sédation immédiate de la douleur. Le pied enfla énormément, puis l'enflure disparut rapidement. Trois semaines après il marchait.

En 1862, mois de juillet, nouvelle attaque. Le pied gauche, le genou droit, le cœur furent pris. Le genou droit se remplit d'eau, il y eut une hydarthrose. Le cœur fut pris d'endocardite. Les douleurs du pied gauche suivirent les mêmes phases que 6 mois auparavant ; elles furent plus vives.

Le genou droit devint le siége de douleurs lancinantes atroces. Chaque battement du cœur y produisait un coup de lancette insupportable. Les ligaments articulaires étaient horriblement douloureux, le malade croyait qu'ils allaient se rompre.

Le deuxième jour, dans la soirée, on put appliquer des cataplasmes dont il est difficile de comprendre qu'on puisse supporter la haute température sans vésication. Les bourses séreuses, la synoviale, se remplirent de sérosité. Le genou devint démesurément gros. Le malade y éprouvait une telle sensation de tension, qu'il crut qu'il allait éclater ; il était, en effet, rénitent, dur comme du bois. La pression n'était pas très-douloureuse, la tension seule fatiguait le malade.

Je fis appliquer un énorme vésicatoire qui recouvrait tout le genou. La résorption commença en même temps que la vésication se produisit ; elle ne se fit qu'en partie, et la rotule resta pendant plusieurs mois soulevée. La présence de l'eau dans la synoviale empêcha, pendant longtemps, le malade de marcher.

Étant debout, il n'éprouvait aucune gêne, mais il lui était impossible de projeter sa jambe en avant. Les ligaments, qui avaient été distendus, l'eau, qui se trouvait encore en quantité notable dans la synoviale, s'opposaient évidemment à ce que les muscles, en se contractant, pussent faire mouvoir la jambe. Les surfaces articulaires n'étaient pas solidement fixées dans

9.

leurs rapports, l'eau s'interposait et les faisait glisser les unes sur les autres.

Je conseillai au malade de marcher à reculons, ce qu'il exécuta facilement à sa grande satisfaction. Il traînait le pied auquel il ne pouvait faire quitter la terre.

Le cœur fut pris dans cette attaque ; le malade ressentit un poids énorme avec pincements dans la région précordiale. Le pouls était fréquent, petit, irrégulier. Une saignée le débarrassa du poids et du pincement cardiaques ; mais il lui resta, pendant plus de 8 mois, de la gêne et de l'angoisse. L'ascension des montagnes lui était très-pénible, il éprouvait de l'essoufflement, des vertiges ; la sueur couvrait son front, il était haletant. Cette gêne disparut complétement au bout de 8 mois environ, car, dans un voyage en Savoie, il put monter sur la dent d'Hoche assez facilement.

Je résume cette attaque, pour la comparer avec l'attaque que le malade eut à Antibes. Le genou droit conserva de l'eau pendant 6 mois. A l'arthrite liquide succéda une arthrite sèche qui faisait craquer le genou à chaque mouvement. Le bruit du genou se faisait entendre à une grande distance. Le cœur garda de la gêne pendant 8 mois environ.

Le 12 décembre 1863, à Antibes, nouvelle attaque ! attaque terrible !

Les deux pieds, les deux genoux sont pris, et il y a un

retentissement général dans toutes les articulations;
double hydarthrose.

L'attaque a commencé par le pied gauche qui fut pris
subitement dans toutes ses petites articulations à la fois.
Le talon surtout fut le siége d'une douleur épouvan-
table.

Le second jour, le genou gauche se prit, les ligaments
articulaires étaient tellement tiraillés par la fluxion de
la synoviale, que le malade disait qu'ils se rompaient.
La jambe gauche était étendue dans le lit, elle appuyait
sur le talon, et rien ne la soutenait sous le jarret. La
douleur devint si insupportable au talon douloureux
sur lequel toute la jambe appuyait, et au jarret où les
ligaments étaient tendus par la fluxion de la synoviale
et par le poids de la cuisse, que le malade se glissa dans
son lit pour plier de force ce malheureux genou. Les
tendons du biceps crural étaient eux-mêmes atrocement
douloureux à leurs insertions. Bientôt, le genou plié
s'opposant à l'épanchement de l'articulation, devint le
siége d'une douleur exquise, horrible, atroce, horripi-
lante, au-dessus de tout ce que l'on peut imaginer d'é-
pouvantablement douloureux. Le malade se fit étendre
la jambe, le talon et le jarret redevinrent bientôt plus
douloureux encore. Un écartellement eût été moins
atroce que la sensation qu'il éprouvait à ce jarret tendu
et non soutenu sur lequel la cuisse pesait comme une
montagne. La position n'était pas supportable.

Dans ce moment le malade songeait-il à ses bains de pieds froids dans la Dheune ?

On apporta un canapé près de son lit, et, grinçant des dents, il se souleva sur ses pauvres bras douloureux, et se jeta la tête en bas sur ce siége. Il se tira sur le canapé jusqu'à ce que les jarrets vinssent sur le bord du lit. Les genoux plièrent ! La douleur qu'éprouva le malade ne peut se comparer à aucune sensation possible. Ce ne fut qu'un éclair ! Il tomba anéanti.

A ce moment, le genou avait déjà pris un très-gros développement. Cette nouvelle flexion faite, les douleurs furent moins vives, le malade put endurer des cataplasmes bouillants arrosés de laudanum. Le genou devint ensuite démesurément gros.

Le pied enfla peu, mais chaque tendon se dessinait sous la peau par une ligne rouge vif.

Je vais revenir dans un moment sur l'atroce douleur du talon.

Le pied droit fut bientôt dans le même état que le pied gauche.

Le genou droit devint aussi gros que le gauche ; seulement la douleur y était supportable en comparaison de celle du genou gauche ; à droite elle était grave, pesante, avec sensation de déchirure ; mais il n'y avait pas d'élancements.

Le quatrième jour après l'attaque, les deux pieds et les deux genoux présentaient leur maximum de tuméfaction. Les douleurs aiguës avaient déjà disparu. Aux genoux horriblement tuméfiés le malade ne ressentait qu'un poids énorme, il comparait ses jambes à d'énormes sacs de plomb de chasse. Les rotules étaient soulevées par le liquide ; plusieurs centimètres les séparaient des surfaces articulaires du fémur.

La douleur du talon a été si atroce, le malade s'en est tant plaint, que je veux en dire encore quelques mots. On mit des cataplasmes sur le talon ; il se calma. Mais l'épiderme dur du talon se macéra bientôt ; il menaçait de se soulever, de se décoller. On supprima les cataplasmes, la douleur revint. On mit et on ôta ainsi plusieurs fois des cataplasmes. La douleur s'en alla et revint aussi successivement. Ni le laudanum, ni l'huile belladonnée, ni rien, sinon les cataplasmes, ne pouvaient calmer ce malheureux talon. Les cataplasmes ne pouvaient être mis que momentanément pour ne pas produire une plaie au talon. Le malade ne pouvait souffrir en aucune façon que ce malheureux talon touchât au drap, qu'il reposât sur quoi que ce fût. Pendant la journée, on lui passait un long cache-nez sous la plante du pied, et il en tenait à la main les deux extrémités. Avec cet étrier il soulevait lui-même son pied, le changeait de place et de cette manière on pouvait passer des coussins épais sous le jarret et sous la jambe en sorte que le talon ne reposait sur rien. Le cache-nez servait encore à soutenir le bout du pied, que la tonicité perdue des tissus ne

soutenait pas et qui tendait toujours à suivre les lois de
la pesanteur. Il tirait de cette façon les tendons douloureux des fléchisseurs du pied. Pendant la nuit, si le
malade, accablé par l'insomnie, s'assoupissait, il lâchait
les extrémités du cache-nez, le talon finissait par toucher quelque chose, ou bien les tendons tiraillés par le
poids du pied devenaient très-douloureux, et le malheureux malade sortait brusquement de son assoupis-
sement. J'ai dit au commencement qu'il était extrême
en tout ; cependant il ne l'est pas en patience, aussi se
mettait-il en fureur. Le talon resta très-douloureux
pendant huit jours.

A partir du cinquième jour, la tuméfaction des genoux
diminua. Au bout de huit jours le genou droit ne contenait plus d'eau, le gauche n'en contenait plus guère.
Le malade pouvait se tenir debout sur ses jambes. A
l'aide d'un bâton il pouvait aller seul de son lit à un canapé où il passait la journée.

A la fin de décembre il prenait des bains de soleil,
il allait bien, il faisait quelques pas dans sa chambre
portant facilement ses pieds en avant.

Le premier jour de l'an 1864, le genou gauche re-
devint très-douloureux. En six heures de douleurs,
seulement, le genou fut aussi gros qu'il était quinze
jours auparavant. Le 3 janvier, l'épanchement était de
nouveau complétement résorbé.

Depuis cette époque, le malade se promena tous les

jours dans sa chambre. Le 15 janvier, il fit facilement le tour des remparts de la ville.

Le cœur cette fois ne fut pas pris, malgré le retentissement général qui eut lieu dans toutes les articulations; car les épaules, les poignets, la hanche gauche, furent roides par un commencement de douleur.

Le pouls était peu fébrile, 80 à 90 pulsations.

Les urines étaient très-uriques.

Ce qui a déterminé cette nouvelle attaque, c'est l'imprudence de cet incorrigible malade.

En quittant la Bourgogne dans le mois de novembre, le temps était froid, les brouillards qui régnaient presque toute la journée avaient une humidité pénétrante, il était chaudement habillé. En arrivant à Antibes, le soleil chaud, l'air sec, le faisaient transpirer à la promenade. Il quitta caleçon, bas de laine, etc. Après ses promenades, étant en sueur, au lieu de se déchausser, de mettre des pantoufles, d'éviter, en un mot, les causes de refroidissement, il gardait des souliers légers. A la promenade il s'asseyait à l'ombre, il y restait jusqu'à ce que le froid l'invitât de nouveau à marcher pour se réchauffer.

Le 10 décembre il prit une amygdalite, et le même jour le pied gauche commença à lui faire une douleur sourde.

Le 12 l'attaque fut terrible ! ! !

Cette attaque dernière est de beaucoup la plus atroce qu'il ait endurée jusqu'alors. Comment se fait-il que la double hydarthrose ait disparu si rapidement? A Antibes, des épanchements considérables furent résorbés en trois jours ; en Bourgogne, un épanchement semblable mit 6 à 8 mois.

Évidemment, je ne puis attribuer qu'au soleil chaud, qu'à l'air sec d'Antibes la résorption si rapide de ces hydarthroses. Le malade, aussitôt qu'il le put, mit ses jambes au soleil, on aurait dit que le liquide épanché se vaporisait sous les rayons du soleil, comme s'il eût été à l'air libre.

Je dois ajouter que, pendant la nuit, un sachet de cendres chaudes, mis sur les genoux, continuait admirablement l'action du soleil. La dernière quinzaine de février qui a été pluvieuse n'a pas causé de retentissement dans les articulations de notre malade.

Il lui est survenu une sueur aux pieds presque aussi abondante que lorsqu'il avait vingt ans.

J'ai tout lieu de croire que le retour de cette sueur le guérira complétement de ses douleurs.

IIIᵉ *Observation.* — M. E... V... de D..., a dix-huit est affecté d'un rétrécissement aortique.

Il y a 4 ans, en 1859, ce jeune homme eut une pleuropneumonie au mois de mai ; elle dura quinze jours avec une fièvre intense. Il lui resta un catarrhe qu'il garda toute l'année. Ce jeune homme avait déjà depuis deux ans une bronchite catarrhale généralisée.

En 1860, au printemps, il prit une nouvelle pleuro-pneumonie. Les accidents aigus disparurent assez rapidement, mais la pleurésie produisit des adhérences. Plusieurs mois après, pendant les grandes vacances, je pus encore très-facilement limiter l'étendue qu'avait eue l'inflammation de la plèvre.

Le catarrhe existait toujours, il était généralisé.

Le malade toussait peu, mais l'expuission muqueuse était très-abondante.

En 1863, toujours au mois de mai, ce jeune homme, après une longue promenade à cheval, un grand jeudi de sortie, rentra chez lui exténué, n'en pouvant plus. Il avait une maladie de cœur. Le catarrhe n'avait pas cessé depuis la dernière pleuro-pneumonie.

Depuis longtemps il se plaignait de battements de cœur, d'essoufflements, d'étourdissements, de rêves effrayants, pénibles, de cauchemars, de perte de mémoire, d'envie constante de dormir. Il ne pouvait pas fixer son attention à l'étude ; un cercle de fer lui étreignait la tête.

Ce jeune homme faisait ses études dans un pensionnat de X..... Dans cette pension, malheureusement pour lui, il n'y trouva pas toutes les conditions d'une bonne hygiène. Le réfectoire était à 2 mètres en terre, on l'aurait pris pour une cave, il était froid, humide, glacial. Le dortoir, quel dortoir ! un grand grenier, où l'on gèle l'hiver, où l'on rôtit l'été, un plafond bas, des lits qui se touchent presque tous, et dans un pareil lieu cinquante ou soixante jeunes poitrines passent 8 heures à respirer un air confiné, chargé de miasmes physiologiques ; le sommeil dans un pareil lieu est pesant ; le sang ne trouve pas à se revivifier dans l'air vicié inspiré, il retourne noir au cœur, il trouble la nutrition.

C'est surtout le réfectoire et le dortoir que notre jeune malade accuse d'avoir entretenu son catarrhe.

Chez notre malade, le rétrécissement aortique est venu à la suite d'une endocardite sourde qui s'est produite lentement ; si lentement, qu'elle est passée inaperçue du malade et de l'habile médecin de l'établissement. Le jeune homme se plaignait bien d'essoufflement, de battements de cœur, mais son développement physique, son état de santé apparente, ne permettaient pas de soupçonner une maladie de cœur. Le rétrécissement n'a été reconnu que plus tard, quand le catarrhe devint plus intense et qu'on voulut envoyer le malade à Allevard.

L'endocardite s'est développée sous l'influence de cet état catarrhal généralisé par les mauvaises conditions hygiéniques qu'il endurait à sa pension. L'hématose était incomplète et l'embarras pulmonaire gênant, d'autre part, la fonction cardiaque, la séreuse du cœur se fluxionna, s'enflamma insensiblement et produisit l'obstacle aortique.

Pendant les grandes vacances de 1863, je vis ce malade, et je constatai un rétrécissement aortique considérable. L'obstacle aortique paraissait mou à l'oreille, il n'était pas encore complétement organisé. Souffle râpeux, mais humide, à la pointe du cœur, couvrant tout le premier temps. Ce souffle s'entendait dans toutes les parties du cœur, dans les vaisseaux du cou il était sifflant, mais il faut tenir compte de l'état de faiblesse du malade qui suivait depuis plusieurs mois un régime débilitant.

La palpation faisait sentir les battements énergiques du cœur. Le râpement était plus énergique à la main qu'à l'oreille, il faisait vibrer fortement la poitrine. L'irrégularité des battements était très-grande.

Le pouls, évidemment, marchait comme le cœur, petit, irrégulier, mou.

Ce malade est arrivé le 7 janvier à Antibes.

Le 8 janvier, le lendemain de son arrivée, j'examinai le cœur et la poitrine, voilà dans quel état se trouvaient les organes : le souffle de la pointe du cœur couvrait tout le premier temps, il me parut un peu moins râpeux que pendant les vacances; on entendait quelquefois un léger claquement valvulaire au milieu du souffle. Les vaisseaux du cou étaient très-chantants; le cœur, à la palpation, était moins désordonné qu'avant, mais il faisait vibrer fortement la poitrine. Le catarrhe était localisé aux grosses bronches; dans les fortes inspirations on entendait quelques rares bulles qui éclataient; mais ce-

pendant les lobes inférieurs et le lobe moyen étaient
en bon état; les lobes supérieurs étaient légèrement
sibilants; le catarrhe occupait spécialement la trachée ;
une trachéite voilait un peu la voix de ce jeune homme
qui ne toussait guère, mais qui crachait encore souvent.

L'état général laissait à désirer, ce malade avait continué son régime débilitant; le pouls était faible, mou,
irrégulier comme le cœur; le sommeil était un peu
meilleur que pendant les vacances, mais il était encore
pesant et troublé par des rêves pénibles. Il n'avait pas
de mémoire; le travail lui était impossible. Les pau-
pières étaient infiltrées le matin. Ses forces étaient tellement déprimées, que le voyage le fatigua beaucoup.
Chez lui, avant son départ, il gardait presque constamment la chambre, la marche le fatiguait horriblement.

En arrivant à Antibes, l'effet du soleil et de l'air sec
ont été admirables. Ce malade croyait avoir laissé tous
ses maux en Bourgogne.

L'appétit devint excellent, je le laissai manger. Le
soleil si bon si chaud l'invitait à la promenade, il se
promena. Ses forces revinrent très-vite; l'appétit devint
tel, qu'il avait toujours faim.

Le sommeil devint bon; la mémoire revint au malade, il put lire pendant des heures entières sans se fa-
tiguer. Ses promenades devinrent de plus en plus longues. La joie, le contentement, épanouissaient sa figure
naguère soucieuse. Le cœur se guérissait si vite, que

tous les jours je constatais l'amélioration. Le souffle disparut, le claquement valvulaire devint très-sensible au premier temps. La trachéite seule persistait, je fis faire une friction d'huile de croton en avant du cou.

Le 6 février nous avons pu, ce malade et moi, faire le tour du cap (14 à 15 kilomètres) par un chemin très-accidenté sans que le malade en éprouvât d'essoufflement. Le malade, quelques jours avant, avait pu aller du Golfe à Cannes, à pied, en passant par Vallauris, c'est-à-dire faire 6 kilomètres toujours en montant une côte très-rapide, sans que son cœur battît plus fort pour tout cela. Ce changement d'état était vraiment surprenant.

21 *février*. — Depuis le 12 de ce mois le baromètre est descendu, le beau ciel d'Antibes est couvert de nuages, le soleil ne se montre qu'à 10 heures et même qu'à midi; les 19, 20, 21, pluie, vent, mauvais temps. Le catarrhe de ce jeune homme a reçu un coup de fouet, la poitrine entière est prise, des râles muqueux s'entendent dans toute la poitrine; le cœur recommence à battre énergiquement, mais il n'y a ni souffle ni râpement.

Depuis deux jours le malade a un peu de fièvre le soir, des frissons, l'appétit a disparu.

J'ai fait prendre beaucoup de tisane béchique à ce jeune homme pour éteindre le feu de sa poitrine. Il urinait infiniment moins qu'il ne buvait, il suait peu, aussi ses jambes commencèrent-elles à s'infil-

trer; elles devinrent énormes. Il se passa alors un
phénomène vraiment singulier de suppléance fonctionnelle. Ce malade se mit à cracher des pleines cuvettes
d'eau, il toussait à chaque instant, et à chaque fois la
bouche se remplissait d'eau fade, saumâtre. Cette expulsion très-abondante dura trois jours, et chaque jour
on voyait diminuer l'œdème des jambes. Malgré cette
quantité énorme d'eau qui passait par les bronches,
la respiration n'était pas gênée. Cette eau ne donnait
pas de râles, elle a lavé en quelque sorte les poumons,
car le catarrhe de ce jeune homme a disparu. Il ne lui
reste que la trachéite ancienne.

Le cœur est rentré dans l'ordre, on n'entend plus de
souffle au premier temps, et à la palpation, on ne sent
même plus de frémissement thoracique.

Ce jeune homme a repris ses promenades depuis le
2 mars. Son appétit est excellent.

10 mars. — J'ai fait cesser la digitale, le cœur ne
bat pas plus énergiquement, le rétrécissement aortique
a disparu ; la fonction circulatoire n'est gênée en aucune façon.

18 mars. — A la suite d'une émotion, le cœur se mit
à battre tumultueusement pendant 4 heures environ,
mais il n'y eut ni souffle au premier temps, ni râpement.

5 avril. — Notre malade quitte Antibes dans un état
moins satisfaisant que celui dans lequel il a été pendant

six semaines. Il est susceptible, et le cœur bat tumultueusement quand il éprouve des émotions.

Mais je puis espérer, après l'amélioration si merveilleuse qui s'était opérée pendant six semaines, que le
rétrécissement aortique disparaîtra complétement.

TROISIÈME PARTIE

TOPOGRAPHIE, CLIMATOLOGIE, HYGIÈNE

CHAPITRE 1er

LE LITTORAL DE LA MÉDITERRANÉE ET LE BASSIN D'ANTIBES.

Cannes, Grasse, Antibes, Nice, Menton, sont situés, dit M. T. Mallo, sur le littoral d'un bassin baigné au midi par la Méditerranée, et fermé des trois autres côtés par une série de hautes montagnes, qui l'entourent sans solution de continuité : A l'ouest, le massif de l'Esterel, au nord, les Alpes maritimes, à l'est, encore les Alpes qui commencent la rivière de Gènes. Ces montagnes forment le talon d'un fer à cheval dont l'ouverture a 40 kilomètres environ.

Ce littoral jouit du plus beau climat de l'Europe. L'hiver y est sans frimas, l'été sans chaleurs excessives. Pendant la saison froide, ce pays est le rendez-vous des étrangers dont le nombre va croissant en raison des facilités nouvelles de communication. Les étrangers, attachés par la douceur de la température, et aussi par l'incontestable efficacité des eaux des golfes qui découpent, qui festonnent ce bassin côtier, tendent de plus en plus à s'y fixer.

Rien, en effet, n'est plus varié que l'aspect et le terrain de ce pays ; rien n'est plus constant et plus tempéré que son climat. Si partout on constate l'influence des volcans qui ont façonné ces golfes, comme des cratères, sur cette surface incessamment accidentée; au milieu de cet amas de coteaux et de vallées, qui semblent se heurter en désordre, on trouve là, réunies, les productions les plus variées ; et, tandis qu'immédiatement à côté, sur les plateaux et les plages désolés par le vent du nord-ouest, on ne rencontre que des productions des pays froids, rabougries encore par la sécheresse d'un ciel toujours sans nuage, à Cannes, à Antibes, à Grasse, à Nice, à Menton, les produits d'une température africaine étalent leur végétation luxuriante. Là, des jardins, des champs entiers où l'oranger, le citronnier, le jasmin, la tubéreuse, la rose, l'héliotrope et la violette confondent leurs parfums délicieux. Là, des essaims d'abeilles trouvent dans ces fleurs une nourriture abondante, et les habitants, des essences qu'ils expédient dans toutes les parties du monde. Là, le dattier balance dans un ciel pur, immense, serein, ses palmes en parasol; l'olivier, chétif arbrisseau à Marseille, orne les coteaux de ses forêts, et sa futaie chatoyante se marie au généreux figuier sous cette voûte azurée, qui, en Italie, a tant contribué à inspirer les Raphaël et les Corrége.

Pour l'artiste, le littoral découpé en trois grands golfes fournit un tableau partout où il veut s'arrêter. A Cannes, c'est le golfe Napoule avec les pics tourmentés et sauvages de l'Esterel ; c'est l'île Sainte-Marguerite, c'est la place de l'église, c'est la Croix des gardes et la marine. A Nice, ce sont les Ponchettes, le mont Alban, la Turbie, Villefranche et la baie des Anges parcourue par une des plus belles promenades du monde. A Antibes, c'est son cap qui, à l'ouest, baigne ses pins-parasols dans le golfe Jouan, et à l'est voit Nice, surmonté des Alpes neigeuses, qui se mire dans la mer; c'est son port avec les mamelons qui l'entourent ; c'est le délicieux puits Aymon avec la vue des îles de Lérins. Du sommet des mamelons d'Antibes se développe le pourtour du bassin tout entier, panorama saisissant, immense, couronné par les neiges du col de Tende qui n'a pas son équivalent en Europe.

Antibes est le point central de cet immense fer à cheval dont le talon commence à Cannes, passe à Grasse et se termine à Nice.

CHAPITRE II

ARTICLE PREMIER

ANTIBES ANCIEN.

Antibes vient du grec ἀντὶ πόλις, qui veut dire avant-ville, faubourg. On prétend que cette ville fut fondée 551 ans avant Jésus-Christ par les Phocéens établis à Marseille. Les Phocéens marseillais étaient, comme ils le sont encore aujourd'hui, très-commerçants.

La navigation à cette époque se faisait sur de très-petits bâtiments; c'était un cabotage qui trouvait un refuge commode et sûr dans toutes les petites sinuosités du rivage. Le port d'Antibes, peu profond et bien abrité, était pour les Phocéens un refuge sûr, aussi s'y établirent-ils de bonne heure. Ils appelèrent leur établissement ἀντὶ πόλις, Antéville, Antibes.

Cet établissement devint si florissant, qu'il excita la convoitise des Déceates et de toutes les autres peuplades de la Ligurie. Ces peuplades farouches et avides prirent souvent les marchandises des Phocéens. Ceux-ci firent des fortifications pour défendre leur commerce; mais l'avidité de ces peuplades sauvages des montagnes les obligeait à soutenir une guerre continuelle.

Fatigués de cette guerre perpétuelle, les Marseillais s'adressèrent aux Romains qui, vers l'an 125 avant notre ère, mirent pour la première fois le pied sur le sol gaulois. Ce fut le consul P. Opimius qui vint au secours des Phocéens établis à Antibes. Ce consul eut bientôt soumis à l'obéissance la plus grande partie de la Ligurie.

Je néglige tout ce qui a rapport à Antibes pendant la conquête des Gaules par les Romains. Je ne parlerai pas non plus des différentes phases du développement de cette ville, qui devint station romaine. Les Romains, ces intrépides conquérants, la fortifièrent, lui donnèrent un cirque, dont quelques vestiges existaient encore dernièrement à la porte de France, avant les travaux de terrassement du chemin de fer. On voit encore aujourd'hui de nombreux vestiges des fortifications romaines derrière le château de Place, ancien château féodal des Grimaldi, racheté par Henri IV, et derrière l'église paroissiale. Ces fortifications donnaient à la ville une forme allongée et peu large; elles allaient du port à l'extrémité occidentale actuelle de la ville; la mer bordait les fortifications au sud, au nord elles n'allaient que jusqu'au Cours.

_____

(1) La question historique d'Antibes est traitée brièvement mais complètement dans une brochure intitulée : *Antibes ancien et moderne* par J. P. 1849.

Les Romains firent un établissement de bains qui est presque entièrement enfoui actuellement. Ils firent aussi deux aqueducs ; l'un de 2 lieues pour amener les eaux dans la citadelle, et l'autre de 1 lieue qui fournissait l'eau nécessaire aux marins. La première de ces sources, que l'on appelle aujourd'hui la Bullide, n'était pas suffisante pour la ville et pour le port. C'est cette même source qui alimente encore aujourd'hui Antibes, je reviendrai sur ce sujet.

Il ne reste presque plus rien des constructions anciennes, malgré la solidité que les Romains savaient donner à leurs travaux. Ces monuments ont-ils été détruits par les barbares, ou par les armées ennemies qui ont si souvent foulé le sol d'Antibes, ou bien sont-ce les habitants eux-mêmes qui les ont démolis pour se servir des matériaux afin de réparer les horreurs de plusieurs saccages ? Dans le pays on impute leur destruction aux Sarrasins.

Antibes était encore une station militaire romaine de la route de Rome à l'Espagne. On voit des vestiges de la voie romaine devant le château Grimaldi et devant l'église paroissiale, qui est bâtie entre deux grandes tours carrées en pierre de taille qui ont servi de sémaphores pendant longtemps.

ARTICLE II

ANTIBES MODERNE.

Antibes actuel est un chef-lieu de canton du département des Alpes-Maritimes. Sa population est de 7,000 habitants environ. Le canton tout entier ne se compose que du chef-lieu et de deux communes : Biot et Vallauris, placées toutes les deux à 5 ou 6 kilomètres de la ville.

La position géographique d'Antibes est à peu de choses près la même que celle de Nice. La latitude septentrionale de Nice est de 43° 4′ 17″; celle d'Antibes doit être exactement la même. La longitude orientale de Nice est de 4° 56′ 22″; or Antibes est à 10 kilomètres plus à l'ouest que Nice. A vol d'oiseau, Antibes se trouve précisément à la même distance de Cannes et de Nice, c'est-à-dire à 10 kilomètres de chacune de ces deux villes.

Antibes est le pays le plus sain du littoral de la Méditerranée. On sait combien les Romains prenaient de soins minutieux avant de s'établir définitivement dans un pays : ils étudiaient les vents qui régnaient habituellement, leur influence sur la santé; ils étudiaient les eaux; la constitution géologique du sol; la constitution des habitants. Des animaux étaient sacrifiés et, quand les poumons, les reins et surtout le foie étaient sains, les Romains s'établissaient définitivement. Que ne continuons-nous des errements aussi sages?

Monsieur le capitaine Nicolas m'a raconté que, non loin d'Antibes, sur la route de Nice, se trouve, dans une position admirable, la propriété Causse, où, très-probablement, il existe des souterrains où sont engloutis les ruines d'un temple romain; car, à une très-faible profondeur dans le sol, des laboureurs ont trouvé une statue de Cupidon, en marbre, parfaitement conservée. Cette statue est entre les mains du propriétaire. Nul doute que par des fouilles un peu profondes on ne rencontre des objets dignes du plus grand intérêt.

Antibes, qui a été un ancien établissement romain, est un pays sain, très-sain, dis-je. Je crois être assez heureux pour pouvoir le démontrer dans le cours de ce petit ouvrage.

Antibes, pendant le moyen âge et dans les temps modernes, fut assiégé, bombardé, saccagé très-souvent. Tous les rois depuis François Ier se sont occupés d'Antibes; tous ont voulu fortifier cette ville, qui est la porte orientale de la France; mais chaque fois elle était assiégée ou prise d'assaut avant l'achèvement des fortifications, en sorte que les murs étaient toujours détruits avant d'être terminés.

Vauban réussit enfin à fortifier complétement la ville, à peu près comme elle l'est actuellement. Sous le règne pacifique de Louis-Philippe, les fortifications se sont définitivement achevées; ce sont celles d'aujourd'hui. Le port d'Antibes est très-sûr, mais d'un accès difficile par les vents de terre. Son peu de profondeur empêche les très-gros vaisseaux de pouvoir s'y réfugier. On a l'espoir que bientôt sans doute l'administration militaire de la marine saura tirer de la situation de cette rade tous les avantages qu'elle présente sous les rapports militaires et commerciaux.

Le plus fameux siége qu'Antibes eut à soutenir fut celui de novembre 1746 à février 1747. La ville fut investie par les Austro-Anglais qui lancèrent 2,600 bombes et plus de 200 pots à feu sur la ville. Presque toutes les maisons furent endommagées, beaucoup furent complétement ruinées. Les habitants, qui s'étaient réfugiés dans les casemates, loin de se plaindre, encourageaient le commandant à la résistance.

Le 31 janvier les Austro-Anglais se retirèrent, et la ville fut sauvée.

Le dernier siége fut celui de 1815. Les Austro-Sardes suivaient notre armée qui se retirait. Ils voulaient s'emparer d'un parc très-important d'artillerie que notre armée avait laissé à Antibes, et aller ensuite faire le siége de Toulon. Je tiens la narration de ce siége du capitaine Nicolas, Antibois très-amoureux et défenseur de son pays. Il était collégien à cette époque dans la ville.

L'armée ennemie avait son camp dans la plaine qui
s'étend du château Salé (château Reille), à la gare actuelle du chemin de fer. Antibes n'avait pas un soldat
de troupe, mais chaque habitant étant lui-même un
vieux soldat ou un vieux marin, la ville se défendit elle-
même. Une nuit, un Antibois, de faction sur les remparts, croit entendre très-distinctement des piétine-
ments près de lui, il croit entendre gravir contre les
remparts; il donne l'alarme dans la place. Les Antibois
sont à leurs pièces, les Antiboises et les enfants roulent
les munitions. Feu de toute part sur le camp ennemi.
Les Austro-Sardes, réveillés en sursaut par une grêle
de boulets, par un feu d'enfer, se croient attaqués par
un retour offensif, ils laissent une partie de leurs baga-
ges, se sauvent à toutes jambes, repassent le Var, et
Antibes est délivré par une fausse alerte.

Ce désir des habitants de mourir à leurs pièces a été
récompensé par Louis XVIII, qui a donné à Antibes un
diplôme de bonne ville. Le roi, pour perpétuer ce souvenir, a fait ériger sur la place d'Armes une colonne en
marbre blanc d'Italie, c'est le seul monument de la
ville, et il a remis à la députation antiboise un drapeau
distinct des autres villes du royaume, avec la légende :
Fidei servandæ exemplum.

Antibes, comme bien on le pense, se ressent de
tous ces sacs, de ces bombardements si souvent renou-
velés; aussi la ville est-elle mal bâtie. Les maisons

sont toutes de hauteur inégale ; les pignons sont noirs,
maculés de taches versicolores dont les plus blanches servent de date aux derniers boulets qui les ont
perforés.

Les remparts d'Antibes sont casematés et capables de
contenir tous les habitants de la ville ; ils font pour les
habitants une fort jolie promenade plantée de grands
arbres d'essences différentes. Les remparts préservent
admirablement la ville de la violence des vents ; ceux
de terre seuls s'y font quelquefois sentir ; ils viennent
de l'Esterel ; ils passent sur Grasse où ils se chargent
des émanations des champs de rosiers, de jonquilles,
de jasmins, etc., qui entourent cette ville parfumée.

Ce qui fait la principale ressource d'Antibes, c'est sa
nombreuse garnison. Actuellement la ville ne compte
que 2 compagnies. A Antibes on fait séjourner des régiments qui vont ou qui reviennent d'Afrique, pour que
la transition soit insensible. Dans ce moment, tous les
régiments d'Afrique sont au Mexique, c'est pourquoi
Antibes compte si peu de troupes ; ses casernes construites à grands frais sont magnifiques et très-saines ;
il est probable que le gouvernement ne voudra pas
priver longtemps l'armée du bénéfice d'un climat sans
égal, lorsque tant de villes malsaines possèdent des gar-
nisons plus fortes que celle d'Antibes.

Je dois parler de la belle collection de tableaux de
maîtres de M. Latreille. L'amateur antibois a, dans sa

collec tion, un Corrége; la nymphe Io ou les Amours de Jupiter. Ce tableau est superbe, la nymphe Io est dans une position pleine de grâce, le dessin, les proportions, le coloris, tout y est si vrai, que la nymphe est vue en nature ; on oublie que ce n'est qu'une image. Les principaux tableaux qui ont attiré plus spécialement mon attention sont : un beau paysage de Claude Lorrain, un paysage de Ruisdaël, plusieurs Rembrandt, un Léonard de Vinci, une Madeleine du Corrége, une vierge de Carlo Dolci, le Festin de Balthazar de Franc-Floris, d'Anvers ; une allégorie de la Justice, tableau fort curieux de Quintin Natsis, surnommé le maréchal-ferrant d'Anvers, un tableau de fruits de Michel-Ange des Batailles, Alexandre visitant Diogène, de Jules Romain.

Antibes est une ville, je ne dirai pas propre, mais moins sale que ne le sont généralement les villes de Provence. Les principales rues sont pavées avec luxe. Les pavés sont de véritables pierres de taille, de même longueur, de même largeur, disposées comme un parquet à fougère. Ces rues-là sont propres, mais trop étroites. Dans le quartier haut de la ville, au sud, les rues forment un véritable dédale, elles sont si étroites, qu'une voiture ne peut pas y passer, de plus un ruisseau coule au milieu de chacune de ces petites rues. Le ruisseau est le réceptacle de toutes les ordures et surtout des détritus d'olives jetés par les huiliers, qui sont fort nombreux; cela tient, je crois, à ce que le rétrécissement des remparts s'oppose à l'ouverture de voies plus considérables. Cet état de choses ne peut être que momentané, en égard à l'augmentation constante de la population.

Cependant il serait facile de donner à cette cité toute la propreté désirable : en collectionnant, à très-peu de frais, les eaux perdues des fontaines du quartier haut dans un grand réservoir, on pourrait à certaines heures lâcher ces eaux, qui entraîneraient toutes les immondices. Les habitants, à l'heure indiquée, pourraient tout balayer dans le courant d'eau.

L'édilité pourrait encore à très-peu de frais ensabler la place d'Armes. Il y a au fort Carré de quoi charger des milliers de vaisseaux de petits galets admirables pour l'ensablement d'une promenade.

Antibes est peu commerçant, cependant c'est dans cette ville que se fait la meilleure huile d'olives de la Provence. A Antibes, on embarque pour l'étranger, les terres grasses, les pierres à four et surtout les poteries très-renommées de Biot et de Vallauris. Biot fournit au commerce de grandes jarres qui servent de réservoirs pour l'eau, pour l'huile, etc. Vallauris fournit une poterie d'excellente qualité. Les marmites et les poêlons en terre de ce pays sont renommés dans toute la Provence et même dans toute la France.

Le jardinage est une source très-lucrative de commerce; on le porte à Cannes et à Nice où il se vend très-cher.

Antibes avait autrefois plusieurs filatures de soie, mais depuis cinq ou six ans la muscardine s'est mise dans les magnaneries, et tous les vers à soie ont péri.

Les habitants d'Antibes sont affables. Ces anciens corsaires, qui ne vivaient que de rapines, sont actuellement très-prévenants vis-à-vis des étrangers.

Cette ville a donné le jour à plusieurs célébrités militaires contemporaines.

Masséna, qui est né dans un petit village entre Nice et Antibes, a choisi cette dernière ville comme sa patrie. Son ancienne maison est la cure actuelle. Masséna s'est marié à Antibes quand il n'était encore que sergent. Reille, le gendre de Masséna, les généraux Vial, Gazan, Guillabert, Fleuri, Burcot, l'ordonnateur en chef Aubernon, etc., sont nés à Antibes.

CHAPITRE III

ARTICLE PREMIER

DES VENTS.

Sur les côtes d'Antibes, du mois d'octobre au mois d'avril, règne presque constamment le vent d'est ou de sud-ouest; d'avril à juin, c'est habituellement le vent d'ouest, quelquefois c'est le nord-ouest, le mistral; mais il ne règne que d'une manière intermittente, que par bouffées; de juin à octobre on a presque constamment le joli vent d'ouest.

Je ne veux pas faire de ces vents une étude particulière. Ces vents sont fort innocents à Antibes; les remparts empêchent qu'ils n'incommodent les habitants; ils ne se font sentir que dans les cheminées, et rabattent la fumée dans les appartements. Je ne parlerai donc que des vents qui peuvent empêcher les malades de se promener.

A Antibes, le vent d'est est le vent des tempêtes. Cet immense demi-cercle de montagnes de 40 à 50 kilomètres, dont Hallo a donné la description, a pour corde

le littoral de la Méditerranée; on sait déjà qu'il va de
Cannes à Nice et même jusqu'à Villefranche. Ce littoral est divisé en deux grands golfes par le cap Notre-
Dame. Un de ces golfes a la direction sud-ouest, l'autre, la direction nord-est. Le premier est le golfe
Jouan, il s'étend de Cannes au cap Notre-Dame; le
second s'étend du cap Notre-Dame à Villefranche, un
peu plus loin que Nice. Ce dernier golfe, la baie des
Anges, est découpé, festonné, pour mieux dire, par de
petits caps qui forment de petites anses sur le littoral;
le premier de ces petits caps est l'Ilette, à l'ouest
d'Antibes; le second est celui sur lequel est construit
la ville même; le troisième est occupé par les fortifications du fort Carré.

Antibes est donc construit sur un petit cap et protégé au sud-ouest par l'Ilette, dont il est séparé par la
petite baie de même nom; au nord-est il est protégé par
le cap du fort Carré, dont il est séparé par la baie Saint-
Roch. C'est dans cette baie Saint-Roch qu'on a construit un môle pour renfermer le joli port d'Antibes,
qui est une véritable bonbonnière.

Ainsi les vents d'est et de sud-est sont les seuls
vents de mer qui poussent directement les flots furieux
de la mer sur Antibes. Le vent d'est est donc le vent
des tempêtes. C'est sur les remparts de la ville qu'il
faut se placer pour jouir du spectacle grandiose d'une
tempête.

A Antibes, les flots de la mer arrivent petits, convulsifs, saccadés; ils écument de loin et viennent briser leur fureur spumeuse contre les roches volcaniques que surmontent les remparts de la ville. Les flots sont petits, car les grandes vagues de la pleine mer sont brisées par le cap Notre-Dame ou par la pointe de Villefranche; ils sont désordonnés parce que ces grandes vagues déjà coupées entrent dans un entonnoir, et que les bords de l'entonnoir les font se raccourcir constamment pour arriver jusqu'à la côte. La vitesse plus grande du milieu de la vague produit des brisures, en sorte que ces vagues viennent contre la ville dans toutes les directions, et, après s'être heurtées elles-mêmes en mer, elles viennent dans cette confusion se briser, menaçantes et montant les uns sur les autres, jusqu'à la hauteur des remparts.

Le lecteur lira une description saisissante d'une tempête à Antibes par madame Juliette Lamber dans une lettre intitulée Vent d'est (1).

Le mistral, qui incommode si affreusement les villes de Marseille et de Toulon, qui, dans le mois de décembre dernier, a causé tant de sinistres épouvantables sur toutes les côtes de la Méditerranée, qui a englouti l'*Atlas*, qui a enlevé la toiture de plomb du théâtre de Toulon; le mistral, si funeste, si désagréable partout,

(1) *Voyages autour du grand Pin*, 1863.

est innocent à Antibes ; il y fait fumer les cheminées et rend l'accès du port difficile. Ce vent, en été, a l'avantage de rafraîchir la température et de donner du ton aux hommes et aux animaux accablés par le soleil. A la campagne, quand il règne trop souvent, il nuit à la récolte des blés.

Le vent sud-est vient de Corse et souvent de Gênes, c'est le vent de pluie.

Si Antibes est peu incommodé par les vents, les stations hivernales de Cannes et de Nice, qui se trouvent aux extrémités du grand amphithéâtre dont j'ai parlé, en souffrent beaucoup.

A Nice, le vent du nord surtout est fort incommodant ; il souffle souvent ; il descend des Alpes par la gorge du Paillon ; il fond subitement sur Nice après avoir léché les neiges des Alpes ; il y produit une variation brusque de température de plus de 20°.

Toutes les nuits, le vent du nord souffle sur Nice ; il s'y fait sentir aussitôt que le soleil est couché ; mais dans ces circonstances le vent n'est que le résultat d'une différence de température ; c'est un phénomène purement physique dont je parlerai bientôt.

Cannes est surtout incommodé par les vents sud et sud-ouest. Les navires en rade de Cannes, abrités par la jetée, ne sont jamais en sûreté par ces derniers vents.

J'ai déjà parlé des inconvénients de la pluie et des

vents sur la grande promenade de Cannes, je n'y reviendrai pas.

Je viens de parler des temps exceptionnels qui sont fort rares dans ces pays si favorisés. Pendant mon hiver à Antibes je n'ai noté que 18 jours sans soleil, sur lesquels il y a eu 8 jours de pluie. Dans la journée, le soleil a toujours été trop chaud et trop ardent pour ne pas nécessiter des ombrelles.

Je vais dire quelques mots du temps ordinaire dont on jouit à Antibes.

Sur les côtes de la Méditerranée, toutes les 24 heures, il y a un double courant d'air ; pendant la journée, c'est une brise de mer qui souffle sur les campagnes ; pendant la nuit, c'est au contraire une brise de terre qui se précipite vers la mer. La brise de mer est plus ou moins forte suivant la température terrestre et suivant l'exposition. Dans les mêmes lieux, la brise de terre est en raison inverse pour des causes inverses. J'expliquerai ce fait quelques lignes plus bas. Ces brises ont pour résultat de renouveler sans cesse l'air, d'entraîner les émanations délétères, et de faire respirer aux malades un air très-salubre s'ils ne restent pas trop longtemps sur les bords de la mer, s'ils se promènent à la campapagne dans les lieux boisés. C'est à dessein que je dis que la brise de mer trop longtemps respirée n'est pas salutaire aux malades ; car je regarde les effluves salées de la mer comme très-pernicieuses pour les gens épuisés et par-

ticulièrement pour les sujets dont les poumons sont af-
fectés, je reviendrai sur cette idée ou cette conviction,
dans le petit chapitre destiné aux conseils aux malades.

Les brises sont le résultat d'une loi purement physique ; ce sont de petits *vents alizés*. En effet, aussitôt que
le soleil est couché, les maisons, les rochers, les arbres, tous les objets, en un mot, qui ont été échauffés
par un soleil vif, se mettent à rayonner sous un ciel
sans nuage. Le rayonnement se fait dans l'immensité ;
toute la chaleur est perdue, parce que rien ne la renvoie
à terre. Par ce fait, le refroidissement est presque in-
stantané ; la vapeur d'eau se condense en rosée ; l'air
qui était chaud, dilaté, se contracte, se densifie, se précipite vers les objets refroidis qui ne le dilatent pas de
nouveau ; ce petit déplacement produit bientôt un courant général de l'air dense et pesant vers l'air chaud,
dilaté et léger. Par le fait du rayonnement, l'air de
terre, devenu plus dense que l'air de mer qui ne change
pas sensiblement de température, se précipite sur la
mer : voilà de quelle façon se produit la brise de terre.
Le courant est plus fort vers les montagnes qu'en
plaine ; car l'air suit, comme tous les corps, les lois de
la pesanteur ; il glisse, il roule, dis-je, plus facilement
sur le plan incliné que forme le flanc d'une montagne,
qu'en plaine où il se déplace horizontalement. C'est
exactement le même phénomène que pour l'eau de pluie
qui coule torrentiellement des montagnes, et qui s'a-

vance gravement, majestueusement, en grande nappe, en plaine. C'est ce qui fait qu'à Nice, par exemple, les brises normales de nuit sont plus fortes, plus fraîches, plus rapides que dans les autres stations hivernales de notre grand amphithéâtre, à cause des Alpes maritimes très-élevées qui sont au nord-est de la ville.

Tout le monde sait que plus la température est élevée, plus il y a d'eau à l'état vaporeux dans l'atmosphère. Or le rayonnement nocturne se faisant jusqu'aux astres, le refroidissement se fait très-vite, la vapeur d'eau se condense en rosée. La rosée est donc d'autant plus abondante, que la température a été plus élevée dans le jour. (Sous l'équateur ces rosées ressemblent à de véritables pluies.) Cette abondance n'est pas de trop pour les plantes qui pendant 12 ou 13 heures ont exhalé beaucoup sans rien absorber, ou qui ont exhalé beaucoup plus qu'elles n'ont absorbé. Aussi les plantes, qui étaient flétries le soir, absorbent la rosée pendant la nuit, et le matin on les voit vertes, rigides, portant bien leurs feuilles qui pendaient durant la journée. Cette rosée est bonne et indispensable aux plantes ; c'est une prévoyance de l'Organisateur universel dont l'œuvre pénètre d'admiration ; mais cette rosée, si utile aux végétaux, serait très-nuisible aux malades qui la supporteraient.

Pour les brises de jour ou de mer, c'est le phénomène exactement inverse qui se produit. Le soleil se lève, il

11.

inonde de lumière et de chaleur ces pays refroidis pendant la nuit. Les objets s'échauffent, ils dilatent l'air ambiant. Bientôt il y a équilibre entre la température de la terre et celle des eaux de la mer. (Ce moment est excessivement pénible dans les pays tropicaux.) A ce moment, le calme est parfait. La température de la terre devenant bientôt plus élevée, le courant s'établit de la mer à la terre, d'où la brise de mer.

On le voit, c'est le phénomène en petit des vents alizés ; c'est le phénomène du double courant de l'eau bouillante pour un autre élément, l'eau. La mer elle-même a des courants qui sont le résultat de la différence de température de ses eaux aux différentes latitudes. Ce phénomène est majestueusement et terriblement représenté par le terrible Gulfstream du lieutenant Maury.

ARTICLE II

DES EAUX.

La question des eaux potables a toujours vivement préoccupé les hygiénistes. Hippocrate, dans son admirable traité des *Airs, des Eaux, et des Lieux* (1), s'occupe beaucoup des eaux. Selon Hippocrate, les eaux doivent être : limpides, incolores, inodores, aérées,

_____

(1) *Œuvres complètes,* trad. E. Littré. Paris, 1840. Tome II.

d'une saveur fraîche et pénétrante. La science moderne n'a rien ajouté à la définition du vénérable vieillard de Cos ; elle a reconnu que chacune de ces qualités prise isolément n'était pas suffisante, mais que leur réunion faisait une eau excellente. Ainsi la limpidité seule n'est pas suffisante, car une eau *limpide* peut contenir des sels solubles, délétères, en dissolution dans une proportion nuisible. Une eau peut être *inodore* aussitôt qu'elle vient d'être puisée ; tandis qu'après un laps de temps plus ou moins long elle peut être odorante. Toutes les autres qualités prises isolément sont également critiquables.

Les Romains ont attaché à la question des eaux une importance très-grande. Pour que les habitants de leurs différents établissements eussent de bonnes eaux, ils ne reculaient pas devant des travaux cyclopéens. C'est que : *L'eau comme la femme de César doit être à l'abri de tout soupçon.*

Antibes est alimenté par une source des environs de Biot, par la Bullide. Cette source, que les Romains avaient utilisée, pendant leur établissement dans cette ville, cette source, qu'ils avaient amenée par un aqueduc de 2 lieues, vient de nouveau à Antibes par un aqueduc couvert construit par le génie militaire. En arrivant à Antibes, les eaux de la Bullide se rendent dans deux bacs séparés, font tourner des roues qui mettent en mouvement des pompes élévatoires, de cette manière les eaux

sont élevées et distribuées dans la ville par 8 fontaines
à jets continus. L'excès d'eau fait marcher un moulin
que la ville loue très-cher, et l'eau du moulin est utilisée pour alimenter un très-vaste lavoir public.

L'analyse des eaux d'Antibes n'a pas été faite, ou bien
elle n'a pas été publiée.

Cette eau a toutes les qualités des bonnes eaux potables, elle est : limpide, incolore, inodore, aérée, d'une
saveur fraîche et pénétrante, elle est apéritive ; elle est
légèrement calcaire, mais elle dissout très-bien le savon
et cuit bien les haricots et tous les légumes.

Si les eaux d'Antibes n'avaient pas été de très-bonne
qualité, les Romains, puis le génie, n'auraient pas fait
de si grands travaux pour les amener à Antibes.

Outre les eaux de la Bullide, Antibes a encore les
eaux d'une source naturelle, qui sourd dans la ville
même dans sa partie la plus basse, cette source s'appelle source Vieille, l'eau en est excellente. Elle a suffi
pour alimenter la ville, lors du dernier siége qu'elle eut
à subir.

Antibes possède encore beaucoup de puits.

Dans le quartier bas, chaque maison, ou plutôt chaque jardin a son puits ; leurs eaux ne servent que pour
l'usage domestique ; elles sont inodores et insipides en
sortant du puits ; mais j'ai pu m'assurer, avec le docteur
Riouffe, que les eaux du puits de son jardin qui se
trouve dans la partie la plus basse de la ville, sont sau-

mâtres. Cette eau des puits du quartier bas est évidemment une eau d'infiltration de la mer ; car Antibes est construit sur une île volcanique primitive. Si aujourd'hui la pointe d'Antibes forme un cap, c'est que le petit bras de mer qui l'isolait du continent s'est comblé avec le temps par l'alluvion pluviale des côteaux voisins. Ainsi la tranchée du chemin de fer, près de la gare, est entièrement creusée dans un lit de petits galets mêlés de sable de la mer. Je le répète, je ne mentionne ces eaux de puits que comme histoire, parce qu'elles ne sont utilisées nulle part par les habitants pour leurs usages propres.

Cependant ces eaux de puits, qui ne servent pas à Antibes, sont la ressource des stations hivernales voisines. En continuant ma comparaison, comme je l'ai déjà fait pour les vents, nous verrons combien Antibes est encore privilégié ; car Nice et Cannes boivent des eaux qu'Antibes n'utilise que pour l'arrosage et les usages de propreté domestique.

A Nice, les eaux sont distribuées en ville par un grand nombre de fontaines; la plupart des eaux de Nice viennent des quatre ources différentes : celles d'Aqua Fresca, de Limpia, de Saint-Sébastien et du vallon Obscur. Il y a en outre beaucoup de puits.

Presque toutes les eaux de Nice contiennent du sulfate de chaux en plus ou moins grande proportion. Or, le sulfate de chaux, dans les eaux potables, donne le goître. Je suis convaincu qu'à Nice il y a des goîtreux (1).

J'emprunte à M. le docteur Macario, médecin de Nice,

(1) Je donne comme certain et comme le résultat de mon observation depuis 7 ans :

Que, toutes les fois que les eaux potables sont gypseuses, qu'elles
contiennent du sulfate de chaux dans une certaine proportion, les
habitants, qui boivent de ces eaux, sont ou deviennent goîtreux.

Depuis 7 ans, je fais de la médecine à Saint-Léger sur Dheune, je
connais donc parfaitement ce pays où je suis né, ainsi que ses environs. Depuis l'église de Saint-Léger pour aller jusqu'à Corcharnut,
en suivant la route de Chagny, tous les pays compris entre ces deux
points offrent des goîtres à tous les états de développement ; depuis
un simple engorgement de la glande thyroïde jusqu'à des cascades
de goîtres, jusqu'au crétinisme.

Il y a un an environ, monsieur le docteur Saint-Léger, savant
médecin de Lyon, qui travaille depuis longtemps à un ouvrage sur
le goître, me demanda des renseignements sur les goîtres de mon
pays.

Je lui signalai Saint-Léger sur Dheune comme le pays où l'étude
du goître peut se faire avec la plus grande facilité.

Pour bien comprendre pourquoi le goître commence à l'église de
Saint-Léger, plutôt qu'en tel autre endroit, il faut bien connaître les
versants de la montagne de Bel-Air ; il faut plus, il faut connaître
exactement le bassin de la Dheune à Saint-Léger.

La chétive Dheune actuelle, qui est à sec pendant la moitié de l'année,
à Saint-Léger, a été autrefois un fleuve immense ; le bassin, tout au
moins, a été un lac immense traversé par le fleuve Dheune. Ainsi le
bassin actuel de Saint-Léger, qui est couvert de prairies superbes et
d'excellente qualité, présentait à une certaine époque géologique
une immense nappe d'eau. La vallée a été comblée par l'alluvion des
montagnes voisines et surtout par les débris des montagnes de
Fangey, d'Esserterne, etc., apportés par les eaux de la Dheune gros-
sie par les pluies. Les débris de ces dernières montagnes ont comblé le centre de la vallée ; les bords sont formés par les débris des
montagnes qui limitent à l'orient et à l'occident cette charmante
vallée.

l'analyse des différentes eaux que l'on boit dans la ville. Je ne parlerai pas des eaux des puits, qui contiennent une très-forte proportion de sulfate de chaux.

Je dis charmante vallée, car il est difficile de trouver en France un pays aussi beau et aussi riche.

Toutefois, le sol n'est pas à comparer comme richesse à ce que la végétation des pampres nous cache. Les montagnes verdurées par la main de l'homme contiennent dans leurs flancs des richesses minérales inépuisables : sel, fer, houille, plâtre, silice pour verreries, etc., pays fortuné !

La preuve de ce que j'avance, c'est que les prairies reposent sur du sable de même nature que celui qui forme les montagnes de Fangey, et que la Dheune en roule encore en très-grande quantité toutes les fois que des pluies abondantes en font momentanément un fleuve.

Sur les bords du bassin, on rencontre de l'alluvion de même nature que le sol des montagnes qui les dominent.

Sur le versant occidental de Bel-Air, si on creuse des puits, on trouve, sous une couche de terrain noir formé de détritus végétaux et calcaires de 3 mètres d'épaisseur et de même nature que le sol de la montagne, une couche de trois mètres et demi de cailloux roulés, puis on arrive sur un sable fin, dur, sur lequel coule une nappe d'eau. Je dis coule, car mon puits, que j'ai fait creuser, n'a que 1m,20 à 1m,50 d'eau et il est intarissable même par les plus grandes sécheresses. Pour le faire murer, les maçons ont dû se mettre dans l'eau jusqu'aux aisselles. Les puits de mes voisins, et particulièrement celui des dames religieuses institutrices de Saint-Léger, ont présenté les mêmes couches géologiques.

La route d'Autun à Chalon va sensiblement du nord-ouest au sud-est, elle rencontre à Saint-Léger le canal du centre qui va du sud-ouest au nord-est. L'intersection de ces deux voies forme quatre angles droits; deux de ces angles sont à gauche du canal du Centre, ce sont les angles nord et ouest; deux sont à droite, ce sont les angles sud et est.

Chacun de ces angles contient une montagne, et chaque montagne contient dans ses flancs une richesse minérale différente.

Source Aqua Fresca = sulfate de chaux.   0gr,039
Source Saint-Sébastien................   0gr,018
Source Saint-Sébastien après la pluie... 0gr,021
Source Limpia (quartier du port).. ....   0gr,020

Eaux des puits de la Croix de marbre, où habitent les étrangers, et où il n'y a pas d'autre eau, contiennent :

L'angle nord, qui contient la montagne de Saint-Sernin et de Créot, est minéralisé par le sulfate de chaux (plâtre) et par un oxyde de fer très-abondant. C'est de la montagne de Créot que le Creusot, la première usine métallurgique de France, tire presque toutes ses matières premières, qui vont à l'usine sous forme de pierres, et en sortent à l'état de locomotives. Dans cet angle, il y a quelques goîtres, à Saint-Sernin, à Cheilly, à Sampigny et surtout à Mercey. Dans cet angle se trouve la fontaine salée de Santenay, dont les eaux sont laxatives et conviennent très-bien pour les engorgements abdominaux. Santenay deviendra plus tard la succursale de Vichy ; ou, pour mieux dire, on viendra à Santenay finir sa cure de Vichy.

L'angle ouest est rempli par la montagne dite Montagne ; plus loin se trouve la montagne d'Épogny. En partant de Saint-Léger, avant d'arriver à la Montagne, qui est minéralisée par un oxyde de fer utilisé aussi par le Creusot, se trouve la petite élévation des Vezeaux d'où l'on tire un sable blanc, silice presque pure, très-employé dans les verreries du Midi. La montagne d'Épogny est gypseuse, aussi y a-t-il des goîtres à Couches et à la Varennes.

L'angle sud change complétement d'aspect, le sol des montagnes est un sable formé d'un silicate terreux, le schiste noir et lamelleux perce presque partout la couche végétale ainsi que le grès micacé. Le sol des montagnes est boisé par places ; la vigne ne s'y rencontre plus. Le sous-sol est houiller. Dans cet angle, sont creusés des puits profonds d'où l'on extrait le charbon de terre, l'âme du commerce. Pas de goître à Saint-Bérain.

L'angle est. Cet angle doit attirer toute notre attention ; il est tout entier gypseux. Il est formé par la montagne de Bel-Air qui se continue jusqu'à Chagny en suivant les bords du canal du Centre. Cette montagne présente des éminences et des dépressions successives ; la stratification des couches a été disloquée par des soulève-

Sulfate de chaux...................   0^{gr},098
Source du Vallon-Obscur.. ....   0^{gr},022

Ainsi on le voit, les meilleures eaux de Nice contiennent une quantité très-notable de sulfate de chaux.

ments volcaniques. Dans les dépressions, le plâtre plonge profondément. Le versant nord-ouest de cette montagne est couvert de vignes ; son sommet est cultivé jusqu'au delà de Saint-Gilles; il est aride de ce point jusqu'à Chagny. Le sol est calcaire, généreux ; sous le sol arable se trouve un carbonate de chaux de récente formation, très-terreux, très-coquilleux et très-maigre ; plus profondément, et immédiatement sur le plâtre, se trouve un carbonate de chaux presque pur que les mineurs appellent le *potaillard* à cause de sa cassure franche et presque vitreuse. Ce même carbonate de chaux, depuis Corchanut jusqu'à Chagny s'exploite à ciel ouvert, il sert à la bâtisse.

Bel-Air, à Saint-Léger, a deux versants d'où naissent deux ruisseaux. Le premier, le versant sud, donne naissance au ruisseau de Chamàt qui passe au sud du Reulet, l'eau en est excellente. Le deuxième donne naissance au ruisseau du Tronchat, il est gypseux ou goîtreux. Le point de partage des deux versants de Bel-Air forme une légère crête qui passe dans les vignes dites Agathos ; de cette manière tout ce qui est relativement au nord de cette crête fait partie du versant gypseux. C'est ce qui fait que, outre le ruisseau du Tronchat, les puits creusés dans cette région donnent de l'eau chargée de sulfate de chaux ; c'est ce qui fait qu'à partir de l'église, on trouve des goîtres.

L'église fait donc la séparation des bonnes et des mauvaises eaux. De ce point, si on suit la route de Chagny ou le canal du Centre, on rencontre Dennevy où il y a très-peu de goîtreux, parce que les eaux du pays coulent dans une dépression et que le plâtre plonge et se trouve beaucoup plus bas que le niveau du pays ; les eaux que boivent les habitants ne sont donc pas allées jusqu'aux couches gypseuses. A 2 kilomètres plus loin se trouve Saint-Gilles qui est le pays goîtreux par excellence. Là, on trouve, surtout chez les femmes, des cascades de goîtres ; là, on trouve des crétins.

M. le docteur Macario constate lui-même que le goître existe à Nice, mais il a soin de le reléguer dans les faubourgs de la ville. Je puis affirmer de mon côté, d'après la simple analyse des eaux, qu'il existe aussi en ville.

M. le docteur Macario est surpris, en présence du goître, de ne pas trouver d'iode signalé dans l'analyse des eaux. Il engage M. Verani à vouloir bien refaire ses analyses et fixer au préalable l'iode à l'aide de la potasse.

A Cannes les eaux ne sont pas gypseuses, elles sont saumâtres, fades, mauvaises au goût et à la santé. Je

---

Le goître récent se guérit vite avec de la pommade d'iodure de potassium et de ciguë ; mais les vieux goîtres où des sympexions se sont formées dans les vésicules closes de la glande thyroïde ne se guérissent pas. Les goîtres guéris se reproduisent bien vite chez les sujets qui continuent à boire de l'eau de Saint-Gilles.

Les gens des pays voisins qui vont se fixer dans les pays à goîtres, surtout à Saint-Gilles, deviennent goîtreux ; étant goîtreux, s'ils quittent le pays, leur affection disparait seule.

Les habitants des pays à eaux gypseuses, goîtreux dès le bas âge, voient leur goître disparaître aussi en quittant le pays, s'il n'y a pas de sympexions.

Le goître, je dois le dire, est exploité par les paysans. Les jeunes gens se gardent bien de le faire passer avant la conscription ; mais un mois après la révision, le goître est passé. Les conscrits tombés au sort qui ont de petits goîtres, s'en font venir de superbes, de durs, de volumineux qui compriment les jugulaires ; on dirait des goîtres exophthalmiques.

Je crois donc pouvoir affirmer que l'eau chargée de sulfate de chaux donne le goître. Je ne prétends pas dire que ce soit là la seule cause de cette repoussante affection.

suis allé tout exprès à Cannes pour goûter les eaux,
c'est une infiltration de la mer qui alimente les puits
dont on boit l'eau. Une demi-heure après que l'eau est
puisée les carafes sont remplies au tiers d'un limon
jaune-verdâtre. Cela dépend du défaut d'épaisseur
de la couche d'alluvion sur laquelle est construite la
ville. Cette seule considération devrait faire fuir les
étrangers, qui y sont au contraire fort nombreux. Ils
ont même acheté tous les terrains à bâtir et ils ont fait
une ville neuve en quelque sorte.

ARTICLE III

DES LIEUX.

La constitution géologique du sol d'Antibes est de
quatre natures différentes : granitique et schisteux
dans les environs de Vallauris ; calcaire et magnésien
sur les hauteurs du Cap, de la Balbine, du Puy, de Saint-
Claude ; caillouteux et d'alluvion ancienne dans les vallées ; volcanique et plutonien dans le quartier de la Sa-
lice. On trouve sur le territoire d'Antibes des dépôts
d'argile et des masses de sables siliceux très-propres à
la poterie et à la verrerie.

Le règne végétal est très-riche et très-varié.

A Antibes il n'y a pas de champs proprement dits,
toute la campagne est couverte d'oliviers, les plus beaux

de la Provence ; il y en a qui comptent 4 à 5 mètres et plus de circonférence. Les orangers y sont cultivés surtout pour la fleur. La vigne y est plantée en raies distantes de 2 ou 3 mètres, et dans les intervalles on y cultive alternativement le blé et le jardinage. Il y a en outre des jardins potagers extrêmement productifs dont les légumes sont d'excellente qualité.

Outre qu'Antibes est le centre du grand fer à cheval, qui va de Cannes à Villefranche, et dont j'ai déjà parlé, la ville est encore enveloppée par une crête de montagnes moins élevées qui part du cap Notre-Dame et se termine au cap du fort Carré. Cette éminence en demi-cercle a 2 kilomètres de rayon, c'est une contre-fortification qui préserve encore Antibes des vents du nord qui ne peuvent arriver sur la ville qu'après avoir passé sur Grasse, et s'être tamisés dans les oliviers séculaires qui boisent cette circonvallation septentrionale.

A Antibes, il n'y a ni rivières ni prairies. Antibes reçoit les premiers rayons du soleil levant et les derniers rayons du soleil couchant.

Nice est loin d'être dans d'aussi bonnes conditions. Le soleil levant s'y fait sentir tard ; de plus la ville est ouverte au nord-ouest et, quand le vent souffle dans cette direction, il apporte sur la ville les émanations marécageuses des bouches du Var. La ville de Nice est construite sur des atterrissements faits par le Paillon.

La couche de terre sur laquelle est construite la ville n'a que 3 mètres d'épaisseur, en sorte que par les grandes chaleurs cette ville souffre des émanations paludéennes de son sol même.

Cannes jouit comme Antibes du soleil levant, mais Cannes ne reçoit pas les rayons vivifiants du soleil couchant. Cette ville est complétement fermée à l'ouest par une montagne élevée sur laquelle est construite la vieille ville et la vieille église. Cannes comme Nice est construit sur une alluvion récente et peu épaisse.

M. J. P. dit : « Sur les rivages de la Méditerranée les collines et les vallées élevées ont un climat sain et tempéré qui favorise la végétation, permet à l'homme de faire un emploi complet de ses forces, lui laisse beaucoup de repos, le dispense de se chauffer avec autre chose que ses aliments, et ne l'engage à porter des vêtements que par pudeur. Sans exagération, on peut dire que ce sont les lieux du monde les plus dignes d'être habités par l'espèce humaine, tandis que les terres basses et plates, les vallées voisines de la mer où sont les embouchures tortueuses des rivières, forment des espaces considérables d'une extrême fertilité, mais dont l'air est mortel (1). »

On dirait que ce passage a été écrit tout spécialement pour Antibes, qui a tous les avantages dont parle l'auteur, et qui n'a aucun des inconvénients.

(1) *Loco cit.*

CHAPITRE IV

Ce n'est pas dans un hiver que l'on peut étudier les orages, les pluies, la neige, l'électricité, l'état ozonométrique d'Antibes. J'ai déjà dit que personne n'avait encore écrit sur Antibes; on comprend que des renseignements, sur l'état ozonométrique ne peuvent pas se recueillir de la bouche des habitants, dont la grande majorité ne sait même pas ce que c'est que l'ozone. Je ne m'occuperai donc que de la température et de la barométrie.

A Antibes, personne n'a de registre de la température; le capitaine du port n'en a pas; le sémaphore nouveau n'a reçu ses instruments que le 10 janvier dernier, ses observations n'ont commencé qu'à cette époque.

On se souvient qu'Antibes est à égale distance de Nice et de Cannes, à 10 kilomètres environ. Dans ces deux villes les observations météorologiques ont été recueillies avec soin. Ces deux villes, on s'en souvient, sont placées dans le même amphithéâtre qu'Antibes, elles en occupent les deux extrémités, elles sont dans des conditions infiniment moins bonnes, en sorte qu'en donnant la température et la pression barométrique de ces deux villes, nous aurons à peu près celles d'Antibes mais d'une manière désavantageuse.

M. le capitaine Nicolas, les médecins de la ville et beaucoup d'autres personnes m'ont affirmé qu'à Antibes, l'été est moins chaud qu'à Nice, et l'hiver moins froid. Le lecteur le comprendra facilement; pendant l'été, le soleil, en frappant sur les neiges des Alpes, rayonne de la chaleur de tous les côtés, et comme les Alpes sont précisément au-dessus de Nice, cette ville a sa part du rayonnement calorifique des Alpes; pendant l'hiver, Nice est plus froid par la même raison, le voisinage des neiges refroidit l'air ambiant et le rayonnement de $0°$ se fait sentir à Nice.

Il y a plusieurs années, M. le docteur Gazan exerçait sa profession à Antibes, il fit des observations météorologiques dans cette ville en même temps qu'un médecin de ses amis en faisait à Nice. Tous les résultats furent très-favorables à Antibes, c'est ce qui confirme ce que je disais plus haut. M. le docteur Gazan exerce actuellement à Toulon : a-t-il toujours ses tables météorologiques, en a-t-il plusieurs années? Je ne saurais le dire.

J'aurai recours au travail de M. le docteur Macario (1) pour donner la température de cette ville ainsi que la pression barométrique. Je prendrai dans le travail de M. le docteur Sève (2) les mêmes observations sur Cannes.

Dans l'ouvrage du docteur Macario, nous prendrons :

1° Température moyenne annuelle au soleil levant.

2° Température minimum à 2 heures.

3° Température minimum de 12 années dont nous ferons une température minimum annuelle.

4° Température maximum de 12 années dont nous ferons une température maximum annuelle.

5° Température annuelle véritable.

L'ouvrage de M. Macario porte sur 12 années.

1849.	Température moyenne au lever du soleil,		13°,49
1850.	—	—	12 ,79
1851.	—	—	12 ,23
1852.	—	—	13 ,40
1853.	—	—	11 ,69
1854.	—	—	13 ,07
1855.	—	—	12 ,41
1856.	—	—	12 ,41
1857.	—	—	12 ,61
1858.	—	—	12 ,81
1859.	—	—	13 ,43
1860.	—	—	12 ,12
			152°,46

La moyenne annuelle au soleil levant est de : 152°,46 : 12 = 12°,70

La température moyenne à 2 heures est :

(1) *Influence médicatrice du climat de Nice*, etc., 1862.
(2) *Notice médicale sur le climat de Cannes*, 1859.

1849... 17°,28
1850... 16 ,83
1851... 17 ,67
1852... 18 ,51
1853... 17 ,31
1854... 18 ,53
1855... 18 ,56
1856... 18 ,15
1857... 18 ,86
1858... 18 ,42
1859... 18 ,82
1860... 17 ,50

                                    TOTAL.   216°,44

Moyenne annuelle à 2 heures. 216°,44 : 12 = 18°,036

TEMPÉRATURE MINIMUM.

1849.	Décembre	0°,00
1850.	Janvier	0 ,00
1851.	Décembre	— 1 ,03
1852.	Février	— 1 ,05
1853.	Décembre	— 1 ,03
1854.	Février	— 3 ,06
1855.	Janvier	— 2 ,07
1856.	Décembre	+ 0 ,03
1857.	Février	+ 1 ,02 ·
1858.	Janvier	— 0 ,07
1859.	Décembre	— 1 ,06
1860.	Février	— 0 ,09

                              — 9°,46
                              + 1°,05

                              — 8°,41

— 8°,41 : 12 = — 0°,70

Ainsi la température minimum annuelle est de — 0°,70.

     5 fois dans le mois de décembre.
     3 fois dans le mois de janvier.
     4 fois dans le mois de février.

TEMPÉRATURE MAXIMUM.

1849.	Août	28°,00
1850.	Août	27 ,00
1851.	Juillet	31 ,00
1852.	Juillet	29 ,00
1853.	Septembre.	32 ,07
1854.	Août	31 ,03
1855.	Août	28 ,00
1856.	Juillet	30 ,02
1857.	Juillet	30 ,00
1858.	Juillet et août	29 ,00
1859.	Juillet	31 ,00
1860.	Juillet	26 ,07
		352°,19

Moyenne annuelle maximum 352°,19 : 12 = 29°,35 fort.

Juillet, maximum de température 7 fois.

Août,   —   5 fois.

Septembre,   —   1 fois.

On voit que cette température maximum est très-supportable, elle est loin d'atteindre celle des pays tropicaux et même celle de Paris.

Ritchie a observé à Mourzouck dans le Fezzan + 56° à l'ombre.

A Paris, on a observé souvent + 40°

En 1863, 9 août.   —   + 38° } à l'ombre.

TEMPÉRATURE MOYENNE ANNUELLE VRAIE.

1849.....................	15°,34
1850.....................	14 ,81
1851.....................	14 ,95
1852.....................	15 ,91
1853.....................	14 ,03
1854.....................	15 ,51

```
1855............................ 14°,97
1856............................ 15 ,32
1857............................ 15 ,72
1858............................ 15 ,61
1859............................ 16 ,13
1860............................ 14 ,82
                              ──────────
                                 183°,11
```

La moyenne annuelle est de 183°,11 : 12 = 15°,26 fort.

En prenant la température moyenne de Nice, d'Antibes et de Cannes comme étant la même, c'est-à-dire de 15°,26, nous voyons la ligne isothermique de Lisbonne, de Madrid, de Florence, de Constantinople passer au-dessus de ces villes. A Antibes il fait plus chaud qu'à Pékin. A Antibes on a la même température qu'à San-Francisco.

Il n'y a donc pas lieu de s'étonner de trouver une végétation orientale dans ce délicieux amphithéâtre dont Antibes occupe le centre.

PRESSION BAROMÉTRIQUE MOYENNE.

Je donne encore, d'après le docteur Macario, la pression barométrique moyenne.

1852.	moyenne	0^m,7592
1853.	—	0 ,7552
1855.	—	0 ,7590
1856.	—	0 ,7597
1857.	—	0 ,7618
1858.	—	0 ,7617

1859.	—	0 ,7616
1860.	—	0 ,7593
		0ᵐ,60775

Moyenne de la pression barométrique 0ᵐ,60775 : 8 = 75ᵐ,97 fort.

La pression barométrique, on le voit, est énorme ; le beau temps est donc habituel ; on peut dire mieux, le beau temps est constant.

M. le docteur Sève, de Cannes, dans le tableau synoptique de météorologie qui se trouve à la fin de son travail, donne comme résultat de son observation personnelle pendant 14 ans :

Température annuelle..............	16°,2
Hiver...........................	10 ,2
Printemps.......................	17 ,9
Été............................	22 ,3
Automne........................	13 ,9
Maximum de chaleur en été........	31 ,6

Ces données sont trop peu explicatives pour qu'on puisse les commenter, mais on voit qu'elles donnent des résultats sensiblement les mêmes que celle du docteur Macario.

Il est à regretter qu'il ne donne que la température moyenne de l'hiver, mais au Sémaphore d'Antibes la température est la même que celle des îles de Lerins ou de la pointe de Napoule.

Dira-t-on que les stations hivernales du midi de la France ont une température maximum de 29°,35 comme

à Nice, ou de 31° comme à Cannes pendant les mois de
juillet, d'août, de septembre? En conclura-t-on que la
température du Midi est moins élevée, pendant l'été,
que celle du nord de la France, comme Paris où l'on
observe 40° quelquefois, mais tous les ans de 35°
à 36°? Pour les plantes on aurait raison, mais pour les
habitants, pour les malades, on serait dans l'erreur. La
température du Midi, à l'ombre, est moindre à cause
des brises, mais au soleil on rôtit.

Pendant les trois mois d'hiver, décembre, janvier,
février, la température mininum de Nice est de — 0°,70
à l'ombre. Cette observation est encore parfaitement
exacte, à 8 heures du matin, à l'ombre, pour les plantes; mais il n'en est plus de même pour les malades
qui viennent à Nice. S'il en était ainsi, pas un malade
ne resterait dans une glacière pareille; il vaudrait infiniment mieux aller sur les côtes de la Manche ou de
l'Océan. En effet, j'ai noté le bulletin météorologique
de l'observatoire; il donne pour Brest, comme température quotidienne, à 8 heures du matin, pendant
tout l'hiver + 10°. C'est la température la plus élevée
de France, Brest marquait + 10° quand Toulon et
Marseille marquaient — 5° et — 7°. En conclura-t-on
que Brest est la meilleure station hivernale? que c'est
le pays où l'on doive envoyer les malades passer leur
hiver? Quelle est donc la température de Brest de
10 heures du matin à 4 heures du soir? A Antibes,

pendant ces six heures, le soleil est insupportable sans ombrelle pendant l'hiver.

Les malades affaiblis qui viennent reconstituer leur santé ne se promènent ni le soir ni à 8 heures du matin. Les malades ne se promènent que pendant les six heures que je viens d'indiquer, et pendant ce temps-là, le soleil est excessivement chaud, bienfaisant, réparateur, vivifiant.

Ma conclusion, c'est que les statistiques météorologiques ne doivent pas être prises au pied de la lettre; elles sont très-bonnes pour donner la température moyenne d'un lieu, pour savoir si telle plante pourra vivre, pourra s'acclimater sous telle latitude; mais ces observations induisent en erreur, sont nuisibles pour les médecins qui dirigent la santé de leurs clients, quand ils ne consultent que les chiffres.

J'arrive maintenant aux observations personnelles que j'ai faites pendant mon séjour à Antibes.

C'est l'hiver vraiment exceptionnel que nous venons de passer qui m'a donné l'idée de faire ressortir les avantages admirables du climat d'Antibes. La température de cet hiver est la démonstration de tout ce que j'avance.

Pour mettre un peu d'ordre dans ma narration, je vais examiner la température mois par mois.

La fin de novembre a été superbe à Antibes. Nous quittions nos froids brouillards de la Dheume, et nous retrouvions le soleil de l'été. Le seul désagrément que nous ayons éprouvé, c'étaient les mouches, les mousti- ques, les guêpes qui nous dévoraient.

Le mois de décembre a été complétement beau comme celui de novembre; les insectes ont continué à vivre à nos dépens. Le soleil était splendide.

Le mois de janvier a été généralement beau.

Le Sémaphore n'a reçu ses instruments que le 10 jan- vier, ses observations ne commencent qu'à cette époque.

Température moyenne au lever du soleil,	à 8 heures	6º,66
—	— à 2 heures	8 ,28
—	— à 6 heures	7 ,19

La température minimum des 21 jours de janvier a été de $+ 3º,5$.

La pression barométrique : $0^m,76$ et une fraction.

Par toute la France, cette année, l'hiver a commencé à faire sentir ses rigueurs le 1er janvier. A Antibes nous ne l'avons appris que par les journaux. Je dois dire ce- pendant que le 21 janvier la neige menaçait de tomber sur cette ville, et c'est ce jour-là seulement que le ther- momètre est descendu à $+ 3º,5$. Les habitants étaient dans la consternation, à cause de l'état avancé des pro- duits agricoles pendant sur la terre et à cause de la fleur d'oranger dont les arbres étaient couverts.

La neige n'est pas tombée sur cet heureux pays, les Alpes avides avaient tout pris. La neige est si rare à

Antibes, que les habitants les plus âgés ne l'ont vue que deux ou trois fois dans leur vie et pendant quelques heures seulement. La preuve, c'est qu'on ne trouve des orangers et des citronniers séculaires qu'à Antibes. Le 20 et le 21 janvier le thermomètre du Sémaphore n'a marqué que $+ 3°,5$, mais à Antibes même, au nord-est de la place d'Armes, là où le vent du nord s'engouffre dans la rue Tropez, j'ai vu un peu de glace dans un ruisseau. M. le capitaine Jarlowski, qui habite cet endroit, à vu le 21 janvier à 8 heures du matin son thermomètre à $0°$. C'est le froid le plus intense que nous ayons enduré. Mais à midi on ne se souvenait guère des rigueurs du matin, le soleil était splendide et très-chaud. Nous faisions des promenades très-longues et nous rentrions trempés de sueur.

Les rigueurs du mois de janvier n'ont pas empêché les artichauts de venir à fruit à Antibes, je les recommande aux malades qui pourront les supporter ; ils sont d'une excellente qualité. Les petits pois étaient en gousses et presque bons à manger ; les amandiers, les orangers, etc., étaient blanchis par les fleurs.

Cependant tout est relatif dans l'impression du froid. Ainsi, tandis que notre peau fonctionnait admirablement, par cette température de $+ 8°$ à l'ombre dans le jour, de $+ 30°$ à $+ 35°$ au soleil et qui n'a pas été de moins de $+ 3°, 5$, un matin à 8 heures, pendant que nous jouissions de ce temps superbe pour nous et

que je souhaite à ma bien-aimée Bourgogne, les Antibois grelottaient, prenaient des bronchites et des pneumonies. A Antibes et à Cannes les maladies aiguës des
poumons ont fait de très-nombreuses victimes dans
le mois de janvier tandis que nous ne nous enrhumions
même pas.

Dans les 80 premiers jours de notre installation à
Antibes, nous avons eu 8 jours sombres dans lesquels
nous avons eu trois jours pluvieux. Ces jours sombres
pendant lesquels le soleil se montrait encore pendant
quelques heures se sont trouvés presque tous dans le
mois de janvier.

Dans le mois de février, la recrudescence de la gelée
a fait sensation partout. Les journaux étaient remplis, à
l'article météorologie, de dépêches, provenant de tous
les pays, qui annonçaient un froid excessif.

Le littoral de la Méditerranée n'a pas été épargné ;
ainsi, le 7 février il a neigé dans tous les environs d'Antibes. Les montagnes de l'Esterel étaient couvertes de
neige ; d'Antibes on ne voyait au loin qu'une ceinture
blanche menaçante et froide.

Le 9 février, les nouvelles d'Égypte portaient que le
froid était tellement vif au Caire, qu'il y avait de la glace
dans la ville et au Delta, où, de mémoire d'homme, on
ne se souvient pas d'en avoir vu.

En Syrie, la même dépêche signale de la glace.

Le 9 février je suis allé à Nice ; à 10 kilomètres d'Antibes, à Cagnes, la neige se trouvait sur la route, presque sur le bord de la mer ; la route ne dégelait pas sous les rayons chauds du soleil. Le 8, les orangers ont gelé à Menton, à Nice les feuilles étaient jaunies, et tombaient.

Le 10 février, on signale de la neige par toute l'Europe, à Madrid il y avait — 7°,4.

Le 12 à Marseille le froid sévit cruellement, le thermomètre est à — 4°, et à midi il gèle encore.

Dans la province de Valence en Espagne, le froid a causé des ravages considérables aux orangers.

Le 15, on écrit de Toulon : Pendant que la brillante jeunesse se réchauffe en faisant durer le plaisir et la joie du carnaval, les propriétaires campagnards sont loin de partager cette allégresse. « Le froid a tout brûlé, les citronniers sont anéantis et chaque nuit les pieds d'orangers éclatent comme des pièces d'artifice ; il paraît même qu'on devra s'estimer très-heureux si on parvient à en sauver une partie en coupant les sujets au ras du sol. »

On écrit de Toulon le 12 février. « Depuis samedi on trouve tous les matins une légère couche de glace dans les grandes darses du port de commerce et de l'arsenal, et on a dû la faire briser hier à coups de gaffes afin de pouvoir faire appareiller un navire marchand. (Un navire pris dans les glaces du port de Toulon !) voilà où en est venu le beau climat de la Provence dans le mois de février 1864. »

Le 22 février Madrid avait encore — 4°.

La neige est tombée si abondamment, que le 21 et le 22 février, le train-poste a été arrêté par les neiges entre Lyon et Marseille.

Les dépêches accusent 2 mètres de neige dans certaines localités traversées par le chemin de fer.

Rome, Florence, Palerme, toutes ces villes ont vu de la neige et de la glace.

J'ai assez fait ressortir combien cet hiver a été rigoureux partout.

A Antibes, pendant que la France formait un immense glacier, pendant que dans toutes les villes voisines on grelottait, nous n'avons pas éprouvé un seul jour le besoin de faire du feu, bien plus nous avons toujours dîné avec nos fenêtres ouvertes. Je dois signaler que le 7 février j'ai vu dans la campagne quelques pieds de fèves qui étaient en fleurs et dont le sommet de la tige était légèrement flétri par le froid.

Du 18 février au 28 du même mois, tandis qu'il neigeait si affreusement et si abondamment partout, que nous restions deux jours et demi sans recevoir de journaux de Paris, il tombait une pluie douce, une pluie de printemps à Antibes. Le soleil pendant ce temps n'a pu vaporiser les nuages, nous ne le voyions que par instants dans la journée.

TEMPÉRATURE DU MOIS DE FÉVRIER.

Au lever du soleil, à 8 heures....... $+ 7°,25$
A 2 heures........................ $+ 8 ,00$
A 6 heures........................ $+ 7 ,62$

Le minimum observé et consigné sur les registres du Sémaphore est $+ 3°$.

La température d'Antibes et celle des îles de Lerins est constamment la même. Au Sémaphore on échange trois fois par jour des signaux pour se donner réciproquement la température avec le Sémaphore de l'île Sainte-Marguerite, et pendant tout l'hiver il n'y a jamais eu un demi-degré de différence entre ces deux postes.

La pression barométrique du mois de février a varié entre 76,5, et 73,8. Elle a été à 76,5 le 14 et le 15 du mois; elle a été à 73,8 le 21 du mois, c'est le jour où il a tellement neigé dans le midi de la France, que les trains ont été deux jours sans pouvoir passer sur la voie ferrée.

La pluie s'est montrée à partir du 18 février et il a plu jusqu'à la fin du mois. La pluie n'était pas continue, mais après quelques heures de soleil elle se mettait à tomber torrentiellement. Le temps a été presque toujours nuageux. Il est tombé un peu de grêle sur l'extrémité sud du Cap.

Cette température du mois de février est vraiment extraordinaire quand on la compare à la température de la France en général et à celle de l'Espagne, de

l'Italie, de l'Égypte, de toutes les côtes de la Méditerranée. Antibes était une fournaise comparativement
à toutes ces contrées.

Il n'y a probablement qu'à Antibes que la gelée ne
se soit pas fait sentir cette année en Europe. Il n'y
aura peut-être que dans ce pays que cette année on
verra des oranges.

Mois de mars. Le mois de mars a été superbe.

TEMPÉRATURE MOYENNE.

6 h. du matin.	2 h. après midi.	6 h. du soir.
10°,66	11°,73	11°,30

Le maximum a été 14° ; le minimum 10°.

PRESSION BAROMÉTRIQUE.

	8 h. du matin.	2 h. après midi.	6 h. du soir.
Maximum	0m,762	0m,763	0m,763
Minimum	0 ,732	0 ,732	0 ,731

La pression minimum 0m,731 a eu lieu le 27, jour de
Pâques. Il a neigé ce jour-là à Naples en Italie et dans
les environs d'Antibes sur les montagnes de l'Esterel. A
Antibes même il y a eu une pluie diluvienne.

CHAPITRE V

CONSEILS AUX MALADES QUI VIENDRONT A ANTIBES.

ARTICLE PREMIER

HABITATION.

Le choix de l'habitation est d'une très-grande importance pour que le malade éprouve tout le bien qu'il est en droit d'attendre du soleil d'Antibes. Si vous êtes bien malade, habitez en ville, pour être moins exposé aux variations brusques de la température et surtout pour éviter les vents ; quand vous serez un peu rétabli, vous pourrez habiter la campagne, mais choisissez une villa loin de la mer, où les oliviers pourront vous abriter des vents de mer.

A Antibes, prenez un appartement en plein midi ; habitez au second et ayez une chambre à coucher vaste, avec de larges fenêtres.

Chacun de ces détails est à considérer : l'exposition au midi est de la plus haute importance pour que vous puissiez vous insoler chez vous. Il faut habiter au second ; car les rues d'Antibes sont étroites, et beaucoup de ces rues ont un ruisseau central ; au second vous n'aurez pas d'humidité et vous aurez plus de soleil. Les larges fenêtres permettront de mieux aérer votre chambre à coucher et de l'insoler davantage.

Le malade sera peut-être surpris que je l'engage à habiter en ville, tandis qu'on envoie toujours les convalescents respirer l'air pur de la campagne ; mais il doit se souvenir que sur les bords de la mer, toutes les vingt-quatre heures, en temps ordinaire, il y a alternativement un vent de terre et un vent de mer qui se dirigent toujours de l'endroit le plus froid vers l'endroit le plus chaud, par le simple effet d'une loi physique. Dans les temps extraordinaires, qui sont assez fréquents, comme par exemple pendant cet hiver, depuis le 18 février jusqu'au 2 mars, où nous avons eu presque constamment un vent variable mais fort, avec une alternative de soleil et de pluie, la ville est suffisamment aérée. Le malade comprend qu'à Antibes l'air se renouvelle suffisamment pour que les fonctions pulmonaires se fassent avec de l'air convenable.

ARTICLE II

RÉGIME.

Le régime des malades affaiblis doit être aussi tonique que possible. Le lait de brebis est excellent à Antibes. On fait de petits pains au lait que je recom-

mande aux malades. Les œufs sont comme le lait un
aliment parfait. Je veux dire que dans les œufs et dans
le lait le sang trouve tous les matériaux nécessaires pour
l'entretien de la vie dans tous les tissus, osseux, musculaires, etc. Insensiblement le malade pourra manger
de la viande, du gibier, etc.; je parlerai, au chapitre
Ressources, de tout ce que les malades trouveront
habituellement en comestibles à Antibes.

Le vin est un précieux tonique pour remonter une
constitution épuisée. J'engage donc les malades à boire
du vin aussitôt qu'ils pourront le tolérer ; je les engage
même à en boire tout de suite. Mais le vin du pays, outre
qu'il est très-capiteux, a un goût fort peu agréable, et
cependant il passe pour le meilleur des environs. Il se
vend très-cher. J'engage donc les malades à se procu-
rer du bordeaux, ou mieux encore à faire venir un vin
léger, agréable, sentant la violette, comme le vin de
Mercurey ou celui de Saint-Martin près de Mercurey. Ces
vins ne coûtent pas plus cher que le vin du pays et sont
très-convenables pour réparer, pour régénérer les forces des malades. Plus tard le malade fera bien de boire
un vin plus tonique qui invite à rire et qui pousse à la
joie, comme le vrai Volnay ou le Pommard. Que le
malade s'adresse directement à des propriétaires,
car le commerce pourrait bien lui donner des vins
coupés ou très-sucrés qui enivrent et font mal à la
tête. Je l'engage à s'adresser à M. Henri Delonguy

à Santenay, Côte-d'Or. Il a des propriétés dans les meilleurs climats de Volnay, il vend des vins naturels et tient beaucoup à contenter ceux qui s'adressent à lui.

ARTICLE III

BAINS DE SOLEIL.

En arrivant à Antibes, prenez un bain savonneux au sous-carbonate de soude pour bien nettoyer votre peau. Puis tous les jours, entre une heure et trois heures, faites-vous insoler la peau nue. Exposez aux rayons solaires, successivement, la peau entière de votre corps. Si vous pouvez joindre à l'insolation le massage et les frictions, vous verrez au bout de quelques jours vos forces revenir comme par enchantement. Ma première observation vous en montre un exemple frappant. Votre peau blafarde, froide, s'animera, rougira, s'échauffera, suera dès le premier bain. Vos engorgements fondront comme de la glace au soleil. Vous serez surpris du changement merveilleux qui s'opérera en vous.

Il se passe un phénomène purement physique dont il faut que le malade soit informé. La peau des malades, blafarde, froide, n'a pas perdu son pouvoir hygrométrique. Cette peau est donc aqueuse et, quand le malade s'expose nu aux rayons solaires, le premier jour il éprouve, malgré l'ardeur du soleil, je dirai plus, à cause

de l'ardeur du soleil, une sensation de froid très-vif,
qui peut le faire grelotter. Ce phénomène est tout simple, l'eau de la peau s'évapore et elle se gazéifie en prenant la chaleur de la peau. Les malades feront donc
bien de se faire frotter énergiquement les premiers
jours avec des linges noirs capables de les sécher. Les
séances suivantes n'ont rien de désagréable, elles pro-
curent, au contraire, une sensation de chaleur que les
malades aiment beaucoup, car ils sentent la force suc-
céder immédiatement à la faiblesse.

Je ne sache pas que les bains de soleil aient jamais
été préconisés ; mais depuis plusieurs années, je fais
usage de ce moyen balnéaire pour les rhumatisants et
pour les enfants rachitiques, que je fais exposer tout nus
sur une couverture au gros soleil, et je n'ai rien trouvé
qui puisse être comparé à ces bains. L'huile de morue
et les vêtements chauds sont loin d'avoir un effet aussi
actif que le soleil, mais, quand on joint l'huile de morue
aux bains de soleil, l'effet curatif des bains de soleil a
des résultats surprenants.

ARTICLE IV

BAINS DE MER.

Quand le soleil a ranimé la peau, quand les fonctions
de la nutrition sont régulières, les malades peuvent

prendre des bains de mer qui consolideront ce retour à
la santé.

Les bains froids, les douches sont d'un effet tonique
admirable. Ils demandent cependant certaines précautions indispensables pour être très-efficaces et pour ne
pas être très-nuisibles, au lieu d'être bienfaisants.

Quel est le mode d'action des bains froids thérapeutiques ou médicamenteux ? C'est de chasser brusquement le sang des capillaires cutanés. Or plus l'eau est
froide, mieux on obtient cet effet. Quel effet veut-on
obtenir des bains froids ? Une bouffée sanguine de la
peau ,pour augmenter l'action nutritive. On veut obtenir une réaction énergique. Il faut donc que ces bains
aient une durée plus ou moins longue suivant le pouvoir
réactif de l'économie. On comprend dès lors que, chez
les sujets très-affaiblis, le temps qu'ils mettent à se déshabiller est déjà plus que suffisant pour refroidir beaucoup la peau, et qu'ensuite ils ont beaucoup de peine
à obtenir une bonne réaction en s'habillant de suite et
en marchant. Le malade comprend que les bains se
prennent en pleine mer. Dans un établissement hydro-
thérapique, c'est bien différent ; on commence par produire une vive injection de la peau par un bain de vapeur, puis on se plonge dans l'eau froide ; mais dans les
stations hivernales il n'y a nulle part d'établissement hy-
drothérapique, c'est un très-grand tort. Il faut espérer qu'à
Antibes on en établira un, sur la plage du puits Aymon.

Le malade me permettra de lui dire ce que l'on entend par réaction. C'est le retour brusque du sang dans les vaisseaux d'où il a été chassé par le froid. Mon interlocuteur a sans doute fait, en voiture ou à pied, un voyage ou une promenade longue en hiver. Il a eu alors les mains très-froides, ses bagues tombaient ou sortaient très-facilement de ses doigts. Il est entré, dans ces conditions, dans un appartement plus ou moins chaud. Il a vu ses doigts, suivant la température de l'appartement, devenir plus ou moins vite gros, turgides ; il les a vus s'enfler en quelque sorte et lui causer des picotements agréables ou désagréables, suivant que la fluxion a été plus ou moins vive. Cette fluxion, c'est la réaction. Or il faut que cet effet se produise facilement après un bain froid médical. C'est ce que l'on veut produire chez les gens débilités.

La réaction, qui se fait très-facilement chez les sujets robustes, est très-longue à se faire et même ne se fait pas du tout chez les sujets débilités. Alors ce qui est d'un effet tonique chez les gens robustes est d'un effet débilitant chez les sujets faibles.

On comprend donc que la durée de l'exposition au froid doit varier avec chaque sujet. Elle doit être mise en rapport avec son pouvoir réactif. Pour que l'effet soit efficace, il faut que la réaction produise une injection de la peau plus grande que celle qu'elle avait avant le bain froid.

Dans quelle condition le malade doit-il donc se trouver pour que les bains froids lui soient profitables ? Doit-il avoir la peau froide ? doit-il avoir la peau chaude ? Évidemment, si le malade avait la peau froide, il n'aurait pas besoin de se mettre dans l'eau pour se refroidir, il faudrait au contraire se hâter de le chauffer. Il faut donc qu'il ait la peau très-chaude.

On comprend qu'avant de donner des bains froids les bains de soleil seront de la plus haute utilité. On comprend aussi combien les bains froids viendront à propos pour corroborer l'effet des bains de soleil.

Le malade pourra peut-être me dire qu'il est très-mauvais de se baigner quand on a la peau chaude. Évidemment ! s'il s'agissait de se baigner comme on le fait habituellement, c'est-à-dire de rester une heure à prendre ses ébats dans l'eau ; mais il n'en est plus de même quand il s'agit de bains toniques. En restant une heure dans l'eau froide quand on s'y est mis la peau en sueur, l'eau s'oppose à la sudorification, d'où les troubles qu'entraîne la suppression de cette fonction ; tandis qu'en prenant un bain tonique de trois secondes à une minute on ne fait que la favoriser par la réaction immédiate.

La durée de l'exposition au froid ne peut pas être fixée par le médecin, le malade peut seul être juge dans cette question.

Le malade ne doit rester exposé au froid que jus-

13.

qu'au moment où il commence à grelotter, jusqu'au moment, dis-je, où il se sent susceptible d'avoir encore une réaction facile.

A quel genre de froid le malade doit-il s'exposer ? Est-ce à l'air froid ? Est-ce à l'eau froide ? En un mot, la nature du froid a-t-elle une action spéciale sur la réaction ? Si c'était à l'air froid que le malade s'adressât pour décongestionner la peau, il serait difficile que ce refroidissement eût lieu sur toute la peau en même temps et au même degré, car la brise refroidirait, glacerait même le côté qu'elle frapperait, tandis que le côté opposé serait encore très-chaud. Si toutefois le malade pouvait trouver un lieu froid et sec à l'ombre, comme par exemple une cave séchée par la potasse ou par la chaux vive, ces conditions seraient excellentes ; mais elles sont difficiles à obtenir. Dans l'eau froide, le corps entier se trouve immédiatement dans un milieu ayant partout la même température. Dans l'eau de mer le malade trouvera, en outre du froid, l'excitation des chlorures alcalins dont la stimulation propre est un moyen réactif puissant.

Dans de l'eau glacée, les hommes les plus robustes ne peuvent pas supporter sans danger une immersion de plus de deux à trois minutes, et encore n'arrivent-ils à supporter une immersion aussi prolongée qu'après avoir pris pendant longtemps des bains glacés. Le malade n'aura jamais de l'eau glacée à sa disposition, car l'eau de mer a toujours une température relativement assez élevée.

J'engage néanmoins les gens affaiblis à ne prendre pour commencer que des bains de quelques secondes. Par ce moyen seulement ils obtiendront une réaction salutaire qui corroborera l'action du soleil.

En sortant de l'immersion, il faut se sécher vite et s'habiller à la hâte, marcher et courir même, si l'on ne sent pas la chaleur revenir tout de suite à la peau.

Les femmes, pour obtenir une réaction salutaire, ne doivent pas perdre une demi-heure à rajuster toutes les pièces si nombreuses de leur toilette. Qu'elles mettent rapidement une chemise de laine et un peignoir chaud pour obtenir d'abord une bonne réaction. La toilette viendra après.

Les bains de mer sont généralement très-mal pris. L'effet qu'on en attend ne se fait pas sentir pour trois raisons : 1° on met trop de temps pour se déshabiller; 2° on reste trop longtemps à l'eau; 3° on s'habille trop lentement en sortant de l'eau. Pour ces causes, les bains de mer, au lieu d'être toniques, deviennent sédatifs. Au lieu de donner des forces, ils ôtent celles qui restent.

Pour les gens bien portants, les bains prolongés, la natation, les ébats dans l'eau sont très-utiles. Pour les malades, ces mêmes exercices sont funestes.

Les malades qui viendront à Antibes trouveront,

pour se baigner, au puits Aymon, le plus joli emplacement qu'il soit possible d'imaginer. Tout y concourt
pour rendre les bains salutaires; la promenade pour
aller à la mer et la promenade pour en revenir.

Il est bien des malades qui ne pourraient pas aller
au puits Aymon et en revenir, à pied. Ils pourront,
chez eux, faire des ablutions froides avec une éponge.
Les ablutions sont très-bonnes même chez les personnes très-faibles, si on les aide à réagir en les mas-
sant ou en les frictionnant avec des linges chauds.

En résumé, que les malades qui voudront prendre
des bains froids se mettent à l'eau ayant très-chaud, et
qu'ils ne prolongent jamais le bain jusqu'au refroidissement; qu'ils ne restent jamais dans l'eau jusqu'au
moment du grelottement.

ARTICLE V

BAINS DE SABLE.

Les bains de sable sont d'une grande efficacité pour
les affections locales : rhumatisme, engorgements
strumeux. Le sable des bords de la mer atteint facilement $+ 50°$ et même davantage. Si donc le malade a
des douleurs ou des engorgements scrofuleux, il fera
très-bien de se faire recouvrir la peau par du sable à
cette température, car il y provoquera une fluxion dé-

rivative énergique. La peau deviendra turgide, rougira, suera. L'engorgement et les douleurs disparaîtront. Que le malade ait bien soin de ne pas rester exposé à la brise de mer, en sortant d'un pareil bain, parce qu'il se refroidirait et verrait ses douleurs devenir aiguës.

ARTICLE VI

PROMENADES.

Les promenades sont très-utiles pour les malades, car ils respirent plus amplement; l'exercice qu'ils prennent augmente leur appétit, mais la plus grande utilité des promenades est de faciliter la fonction coprique. Les évacuations deviennent plus faciles et plus régulières, ce qui est d'une grande importance chez les malades qui ont généralement ou du dévoiement ou de la constipation.

Les promenades sont nombreuses à Antibes, je reviendrai sur ce sujet. Je dirai seulement qu'il y a un jardin de toute beauté que le malade ne manquera pas d'aller voir, c'est celui de M. Thuret, membre correspondant de l'Académie des sciences. M. Thuret est un savant, un artiste, et il est riche; son jardin et son chalet se ressentent de ces trois qualités.

ARTICLE VII

MAUVAISE INFLUENCE DES EFFLUVES MARITIMES.

J'engage le malade à ne pas habiter près de la mer. Je l'engage aussi à ne pas s'y promener pendant les vents d'est, et à s'y promener fort peu par les temps calmes. Je vais essayer de lui faire comprendre que les émanations salées sont très-nuisibles aux malades en général, et pernicieuses pour les phthisiques.

Avant d'avoir vu la mer, j'étais persuadé, comme le sont généralement tous les médecins, que les effluves maritimes étaient très-salutaires aux malades. Depuis que je suis à Antibes, je suis si convaincu du contraire, que je ne crains pas de l'écrire malgré l'opinion différente des médecins et des malades.

S'il ne s'agissait que de rétablir l'action cutanée ou de guérir des douleurs, peu importerait le lieu de la promenade, celui qui donnerait le plus de soleil serait le meilleur. Mais les fonctions de la peau ne sont jamais supprimées sans que les fonctions adjuvantes, et surtout les poumons, soient en état de souffrance. Il convient donc d'examiner si les émanations de la mer ne sont pas nuisibles à l'estomac, aux poumons, aux reins et au sang.

Si vous n'avez jamais vu la mer, en arrivant à Antibes ou à toute autre station hivernale placée sur le littoral, vous serez frappé comme moi de la désolation qui règne sur les côtes maritimes. Désolation complète ! Aucune plante, aucun arbre ne résiste au souffle léthifère de cet élément perfide. Examinez les roseaux qui se trouvent près de la mer, ils sont à peine gros comme le petit doigt. Ils sont dégarnis de feuilles; ils sont secs; ils ont un mètre au plus de végétation. Voyez, au contraire, ceux qui sont à un demi-kilomètre du rivage; ils sont verts, leurs feuilles sont vertes et entourent complétement la tige, ils ont 4 ou 5 mètres d'élévation. Les quelques arbres que l'on rencontre à une certaine distance des bords de la mer sont désolés, rabougris, à peine ont-ils quelques rares feuilles épaisses, cornées, recroquevillées. Tandis qu'un peu plus loin les arbres ont un port majestueux. Les oliviers, à 500 mètres de la mer, étalent leurs poumons au soleil.

Quand, sur les bords de la mer, un mur abrite les arbres des vents de mer, toute la partie abritée est verte, bien garnie de feuilles, mais tout ce qui dépasse le mur semble sec, paraît mort. Le figuier est l'arbre le moins sensible aux vents de la mer.

Malgré tout ce qui a été écrit sur les bons effets des effluves salés, malgré l'avis du grand Laënnec, malgré l'avis des plus célèbres médecins, malgré les voyages sur mer recommandés comme excellent moyen curatif

aux phthisiques, malgré les cas de guérison cités
après ces voyages, je m'inscris en faux contre les effets
salutaires des émanations salées de la mer. Rachel,
malgré ses voyages sur mer, est venue illustrer le Cannet
en y rendant le dernier soupir.

Je ne comprendrai jamais que, là où des arbres ne
peuvent pas vivre, des malades épuisés puissent y recouvrer la santé. Si les feuilles, les organes respiratoires des plantes, sèchent et tombent sous l'haleine
nécrosique de la mer, malades, garantissez avec soin
vos bronches de pareilles émanations.

Le 10 mars je me rendis au Sémaphore, le fil télé-
graphique était rompu. J'appris par les employés que
le fil cassait très-souvent, que le vent de mer le corro-
dait très-rapidement. Les employés du Sémaphore sont
obligés à chaque instant de râper leur mât et les ailes
du télégraphe, parce que le dépôt de chlorure de sodium
apporté par le vent de mer est si considérable, qu'il
s'oppose aux manœuvres télégraphiques.

Les vitres du phare sont obscurcies à chaque instant
par des dépôts salés. Or la lanterne du phare est à
140 mètres environ au-dessus du niveau de la mer sur
une éminence à pic.

Il me vient à la mémoire une coutume des peuples
de l'antiquité. Quand on voulait mettre le comble au
châtiment d'un grand criminel, après avoir rasé sa
maison, on jetait du sel sur le sol de l'héritage pour le

rendre infertile. On punissait ainsi le criminel et sa descendance. Les anciens connaissaient donc l'action mauvaise du sel marin.

Je me souviens également qu'en 1855 l'Académie de médecine avait mis au concours la question suivante : *De l'influence des voyages sur mer et de l'émigration dans les pays chauds, sur la marche de la phthisie pulmonaire.* M. Jules Rochard, premier chirurgien en chef de la marine, dont le mémoire fut couronné par l'Académie (1), démontra par ses observations personnelles et par des observations prises dans beaucoup de stations hivernales, que les voyages sur mer sont nuisibles aux malades atteints de tubercules pulmonaires.

M. J. Rochard démontra que les marins présentent bien plus de phthisiques que les fantassins, toute proportion gardée. Il dit que la phthisie marche avec une rapidité effrayante à bord. Il fait ressortir dans son mémoire combien les idées de Laënnec, mises en pratiques par les médecins, font de malheureuses victimes dans les ports de mer où les jeunes tuberculeux trouvent la mort en venant chercher la vie.

Pour M. J. Rochard, les émanations salées de la mer sont très-nuisibles aux phthisiques et à tous ceux qui ont la poitrine délicate.

M. Blache, rapporteur d'une commission chargée

(1) *Mémoires de l'Académie de médecine.* Paris, 1856, tome XX, pages 75 à 168.

d'examiner un autre travail sur la même question, a hautement approuvé (1) les idées émises par M. Jules Rochard. Il regarde également les émanations salines de la mer comme plus nuisibles qu'utiles dans la phthisie.

Je le répète, quand même je n'aurais pas, pour moi, l'immense autorité de MM. Blache et Jules Rochard, je soutiendrais que là où les plantes ne peuvent pas vivre, l'homme ne saurait y recouvrer la santé.

M. le docteur Bottini (2), après avoir beaucoup parlé en faveur des effluves salés dans son article, *Air de mer*, dit : « Quelle que soit l'importance de ces expériences (en parlant du varech frais de Laënnec), nous conseillons aux sujets trop nerveux et trop irritables de tempérament l'habitation loin de la mer. Il serait même à désirer que l'impulsion nouvelle donnée aux travaux publics par l'adjonction de notre pays à un État puissant, conduisît à créer des communications nouvelles avec l'intérieur. Il y aurait lieu ainsi à construire des habitations éloignées du littoral, très-favorables aux personnes dont le tempérament ne s'accorde pas avec le voisinage de la mer. »

On voit que le docteur Bottini, qui recommande les promenades sur l'eau, qui cite des cas de guérison, recommande aussi l'habitation loin de la mer.

(1) *Bulletin de l'Académie de médecine.* Paris, 1860-1861, tome XXII, page 1286.
(2) *Menton et son climat*, 1863.

Si les effluves salés de la mer guérissaient la phthisie pulmonaire, il n'y aurait pas de phthisiques dans les pays littoraux. Or je mets sous les yeux du lecteur un tableau de la proportion des phthisiques dans différentes villes du littoral de la mer et du centre des terres, que j'emprunte à M. le professeur Andral. Je ne comprends pas que M. Bottini, qui a reproduit ce même tableau, n'ait pas été frappé par ces chiffres.

Stockholm..	1 phthisique sur	16	habitants.
Berlin......	1 —	15	—
Vienne.....	1 —	14	—
Munich....	1 —	10	—
Londres....	1 —	5	—
Paris	1 —	5	—
Marseille ..	1 —	4	—
Genève.....	1 —	6	—
Naples......	1 —	8	—
Rome......	1 —	20	—
Alger.. ...	1 —	25	—
Gênes.....	1 —	13	—
Amsterdam.	1 —	4	—

Voilà donc une ville comme Marseille qui compte le quart de sa population comme mourant de phthisie pulmonaire ; tandis que Berlin n'en compte que 1 sur 15.

Ce qui guérit la phthisie, ce ne sont pas les émanations salées de la mer, ce sont le soleil et les huileux !

Qu'est-ce que la phthisie acquise ? Dans quelles conditions se développe-t-elle ? La phthisie pulmonaire se développe chez les sujets dont la peau a été exposée au froid humide, chez les sujets privés de lumière et de soleil, chez les individus qui ont la peau malpropre. La phthisie pulmonaire se développe quand le sujet a eu la fonction de nutrition tellement troublée, que le sang, ne recevant plus de matériaux assimilables, parce que la digestion est troublée elle-même profondément, a épuisé tous les magasins d'abondance, toute la graisse de l'économie, et que le sujet se trouve très-refroidi. La phthisie est donc le résultat de la consomption et du refroidissement. Or, contre le refroidissement, rien n'est comparable à l'effet du soleil. Contre la consomption, les aliments carbonés, les corps gras sont les seuls médicaments, les seuls aliments rationnels. Il faut s'instruire à l'école de la nature. La nature, l'organisme, dis-je, dépose son excès de matériel nutritif dans tous les tissus de l'économie sous forme de graisse : cette graisse, c'est sa provision pour les jours de disette. Donnez donc des graisses aux malades en consomption.

L'observation nous en fournit de nombreux exemples que j'ai déjà cités. Les animaux exotiques apportés dans nos pays meurent de phthisie pulmonaire, et pourquoi ? parce qu'ils ont froid, parce que le soleil leur manque. Le perroquet seul résiste, pourquoi ? Parce qu'il mange des grains de chenevis qui sont très-oléagineux.

Puisque la phthisie est aussi fréquente, dira-t-on, si elle ne l'est pas davantage, dans les pays chauds placés sur les bords de la mer comme Marseille, les phthisiques ont tort de se rendre dans les pays chauds pour guérir leurs poumons ? Il est préférable d'habiter Berlin, Vienne, Munich, etc., pays froids dans le milieu des terres ? L'objection n'est pas valable ; car tout est relatif dans la production de la phthisie. Un Méridional deviendra phthisique chez lui, tandis que vous, habitant du Nord, vous y guérirez.

Quelles sont les variations maximum de température que les habitants de la terre puissent éprouver ? On évalue ces différences à 140°, c'est-à-dire que l'on peut avoir à supporter de —70° à + 70° = 140° : ainsi, en Sibérie, à Yakoutsk, on a observé — 58°, et à Mourzouk, dans le Fezzan, on a observé, à l'ombre + 56°, or de — 58 à + 56° à l'ombre, il y a 114°.

Quelle est la température normale du sang ? + 40°. Sans prendre les limites extrêmes de froid dont je viens de parler, je suppose que vous habitiez le centre de l'Europe et que vous ayez une température minimum de —10° à —20° à endurer pendant un certain laps de temps. Cette température fait avec celle de votre sang, qui est de + 40°, un écart de 50° à 60°. Or pour que dans un pays du Nord où le soleil ne se montre pas et ne vous réchauffe pas, vous puissiez suffire à cet écart de 50° à 60°, vous ne pouvez vous adresser qu'à vos aliments, aliments très-carbonés, graisses, sucre, boissons très-alcooliques qui vous sont très-

profitables, tandis qu'elles tueraient un Méridional.
Pour que vous puissiez ne compter que sur vos aliments
pour vous réchauffer, il faut que toutes vos fonctions
primordiales de conservation de l'individu puissent
supporter une pareille alimentation et l'élaborer convenablement. Or, si vous êtes phthisique, la fonction
d'hématose est troublée, la fonction digestive est troublée, car vous avez alternativement le dévoiement ou
la diarrhée et une constipation opiniâtre. Dans ces
conditions, votre nutrition a besoin de beaucoup faire
pour entretenir la chaleur, elle a besoin de beaucoup
de matériaux assimilables, et justement votre fonction
digestive troublée ne donne plus rien ou que bien peu de
matériaux au sang. Changez ces conditions, transportez-
vous dans un pays où la température est de + 10° à
l'ombre pendant l'hiver et de + 30° à + 40° au soleil.
Vous n'aurez plus qu'un écart de température de 30° au
maximum à l'ombre, et vous serez en équilibre de température au soleil. Quand vous serez en équilibre de
température, vous n'aurez qu'à entretenir votre organisme, ce qui est peu de chose ; quand vous aurez un
écart de 30° environ, votre constitution, faible dans le
Nord, se trouvera une forte constitution relative dans le
Midi, car vous n'aurez que fort peu relativement à demander à vos fonctions de conservation de l'individu.
Le peu que vous digérerez sera beaucoup dans le Midi,
ce sera même de l'abondance dont votre organisme

profitera et que vous constaterez en vous voyant en-
graisser. Ce qui fera de l'abondance dans un pays chaud
était de l'insuffisance dans votre pays froid.

Il ne faut pas conclure que plus le pays est chaud,
mieux il convient ; ce serait tomber dans un excès
contraire.

La température la plus convenable est évidemment
celle qui varie entre + 10° et + 30°. C'est justement la
température que l'on rencontre dans le grand amphithéâtre qui part de Cannes pour aller à Villefranche, et
dont Antibes est le point central.

A Antibes il y a fort peu de phthisiques, cela tient au
petit écart de température qui existe entre la température du sang et la température ambiante. Ainsi, comme
je l'ai déjà dit, Antibes est probablement le seul pays de
France ou d'Europe où il n'ait pas neigé cet hiver et
où le thermomètre ne soit descendu qu'à + 3° au minimum et cela pendant 2 jours seulement. Antibes comme
les autres pays a des variations de 20° environ quand
l'on passe de l'ombre au soleil, c'est suffisant pour af-
fecter beaucoup les étrangers et les habitants, je vais
revenir sur ces variations.

Ces variations insignifiantes pour les gens du Nord,
quand ils prennent certaines précautions, sont très-
vivement ressenties par les habitants, et sont capables
de les refroidir et de troubler les fonctions primordiales
de la nutrition.

Je reprends l'examen des effets des effluves salés.
L'eau de la Méditerranée est plus salée que celle de
l'Océan : ainsi, tandis qu'un litre d'eau de mer dans
l'Océan contient 32 grammes et demi de sels solubles et
sur ce poids 25^{gr},5 de chlorure de sodium, les eaux de
la Méditerranée contiennent 43^{gr},6 de sels solubles, et
le sel marin y entre pour 29^{gr},30 centigrammes. Les
émanations salées de la Méditerranée le sont donc plus
que celles de l'Océan.

M. le docteur Macario (1) dit que c'est principa-
lement la salure de l'air de la mer qui est utile dans
les maladies de poitrine, et en particulier dans la
phthisie pulmonaire, et c'est sur ce principe qu'est
fondée la nouvelle méthode du docteur Sales-Girons
qui consiste à faire respirer aux malades l'eau de mer
pulvérisée, à l'aide d'un ingénieux appareil de son in-
vention qui a reçu l'approbation de l'Académie de Paris (2). Par cet appareil l'eau est brisée en poussière si
fine, qu'elle reste suspendue dans l'atmosphère de la
salle et que le malade, en respirant naturellement, la fait
pénétrer dans ses bronches. C'est la solution du problème tant cherché pour les maladies de poitrine
surtout : *appliquer le remède sur le mal.*

(1) Ouvrage cité, p. 14.
(2) Voyez Reveil, *Formulaire des médicaments nouveaux et des
médications nouvelles.* 2e édition. Paris, 1865, chapitre *Hydrologie
médicale.*

N'en déplaise à M. le docteur Macario, non-seulement je ne crois pas aux effets salutaires des effluves salés et iodés dans les maladies de poitrine, mais
je les crois très-nuisibles. La méthode d'appliquer le
remède sur le mal est évidemment la meilleure méthode thérapeutique. En 1852, j'étais élève dans le service de M. le professeur Piorry, j'ai assisté aux
essais qu'il fit de la vapeur d'iode pour cicatriser les cavernes pulmonaires. Il a commencé par des cigarettes
iodées, il a ensuite mis de l'iode dans de grands bo-
caux, puis il est revenu à des pipes remplies d'iode. Or
les pauvres phthisiques soumis aux vapeurs iodiques
étaient pris de quintes de toux si épouvantables, qu'ils
crachaient le sang ; ils refusaient de se soumettre à ce
moyen, et ceux qui ne quittaient pas le service faisaient semblant de respirer des vapeurs iodiques pour
qu'on ne leur donnât pas leur exeat. M. le professeur Piorry fit grand bruit de sa méthode infaillible
pour guérir les tubercules ; tous les jours il faisait constater des améliorations sensibles dans les observations ;
mais en définitive je n'ai jamais vu un seul tuberculeux
sortir guéri de ses salles quoiqu'il les renvoyât tous avec
une pancarte où on lisait : *guéri*. Ces malheureux chan-
geaient de service et allaient mourir dans un autre lit.

M. le docteur Macario prend-il la phthisie pulmonaire pour un mal local? Je ne lui ferai pas l'injure de
le croire. J'ai quitté depuis trop peu d'années encore les

banes de l'école de Paris pour avoir oublié la tendance
de cette école à localiser, à faire de la médecine chirur-
gicale, à diviser le corps humain en centimètres carrés
et à ajouter le suffixe *ite* à ce centimètre organique
pour en faire une maladie nouvelle. Cette méthode de
localiser est très-bonne pour l'enseignement, mais elle
est détestable pour la pratique; elle est fausse, sans
philosophie. Cette tendance aura son temps comme
bien d'autres systèmes ont eu le leur. On n'a qu'à lire
Sprengel (1) pour voir le nombre incroyable de théories
qui ont eu cours dans la science, qui toutes ont fait
époque et ont été soutenues par des esprits vigoureux.

Malheureusement la médecine actuelle est de l'art,
c'est de la chirurgie, elle s'adresse surtout au πάθος.
On veut oublier le νόσος, qui est la science et qui sera la
médecine quand même.

La chirurgie s'occupe des maux locaux et les guérit;
c'est un travail manuel, son nom vient de là.

La médecine, contrairement à la tendance localisa-
trice actuelle, s'occupe dans chaque cas donné de
l'organisme entier. Les données du problème sont multiples et sa résolution demande la considération de
chaque donnée : âge, sexe, hérédité, constitution, état
des fonctions, etc. Le chirurgien doit être anatomiste,
le médecin doit être physiologiste.

(1) *Histoire de la médecine*. Paris, 1815-1820.

J'ose dire plus, l'anatomie descriptive est indispensable au chirurgien qui doit connaître parfaitement les régions. Cette même anatomie est inutile au médecin. Le médecin doit connaître son anatomie générale, son anatomie philosophique. Je suis parfaitement de l'avis de Stahl, le célèbre médecin de l'université de Halle, qui dit : L'anatomie est aussi utile à un médecin que la nouvelle d'une grêle tombée depuis dix ans.

La nature médicatrice, l'archée, comme disait Van Helmont, est heureusement d'un grand secours pour les médecins; car sans elle, que de pauvres malades attendraient longtemps la guérison de leurs maux ! Les vieux médecins font généralement de l'expectation, et c'est grande sagesse de leur part; car ils connaissent les ressources infinies de la nature.

On naît médecin, et on devient pauvre praticien. La science est indispensable, mais elle ne fait pas le médecin.

En dehors de la science, le médecin doit avoir une certaine aptitude innée.

Poursuivons notre examen.

Dans l'estomac, le sel en petite quantité est bienfaisant, je dirai même qu'il est indispensable pour faciliter la digestion; du reste toutes les humeurs de l'économie contiennent du sel marin. En grande quantité, le chlorure de sodium est très-nuisible. En effet, le sel, en grande quantité dans l'estomac, active la fonction digestive, les vaisseaux nourriciers absorbent beaucoup de chlorure de sodium. Le sang devient salé plus que de raison, le sang salé absorbe plus d'oxygène. La grande quantité d'oxygène stimule la nutrition élémentaire. La nutrition des tissus activée a besoin de beaucoup de matériaux réparateurs. L'estomac et l'intestin sont obligés de fonctionner beaucoup. Or il arrive bientôt que l'estomac, tout en élaborant sans cesse des matériaux réparateurs, ne peut plus en fournir assez pour suffire à l'activité nutritive. Alors on voit les animaux sur lesquels on a fait ces expériences, mourir de besoin parce qu'ils ne peuvent plus manger assez, tout en mangeant constamment, pour suffire à cette activité dévorante de la nutrition organique.

Les marins qui mangent des salaisons, qui ont par conséquent beaucoup de sel et d'iode dans l'économie, sont tous scorbutiques, maigres, etc. M. Rochard a constaté que chez eux les maladies de poitrine étaient rapidement mortelles.

Sur les autres organes des fonctions de nutrition, l'excès de chlorure de sodium n'est pas moins pernicieux.

Les malades ne doivent pas aller chercher la guérison de leurs tubercules en aspirant des émanations salées de la mer. Qu'ils évitent les vents d'est. Je ne voudrais cependant pas que les malades croient qu'ils ne doivent pas se promener sur les bords de la mer.

J'aurais de beaucoup dépassé mon but s'il en était ainsi. Je dis seulement que les effluves salés prolongés sont nuisibles, mais avant que les malades aient le sang saturé de chlorure de sodium ils peuvent faire pendant longtemps de simples promenades d'agrément. J'engage le malade à se promener partout. On a exagéré l'importance des effluves salés. En recommandant au malade de ne pas suivre ces errements surannés, je ne veux pas qu'il passe à un excès contraire. Je veux que le malade phthisique sache que le soleil et les aliments carbonés le guériront, et que ce n'est pas dans les effluves de la mer qu'il faut qu'il cherche en vain sa guérison : voilà le but de cette longue dissertation. L'exclusivisme est toujours mauvais en tout, comme la spécificité attachée à tel ou tel moyen..

ARTICLE VIII

VÊTEMENTS.

Le malade dans les pays chauds ne doit compter sa journée que de 10 heures du matin à 4 heures et demie du soir. Dans ses promenades, pendant les six ou sept heures convenables de la journée, il doit bien prendre garde de s'exposer au froid. C'est pourquoi je l'engage à porter de la flanelle et à avoir des vêtements de dessus en couleur claire, en gris surtout. Je me suis

14.

expliqué sur l'utilité de la nature et de la couleur des vêtements, je n'y reviendrai pas.

M. Niepce de Saint-Victor, en parvenant à fixer les rayons solaires sur des plaques héliographiques, nous a donné un moyen thérapeutique qu'il ne faut pas dédaigner. J'engage donc les malades à faire insoler leurs vêtements, surtout la face interne des vêtements du corps. Si les plaques sensibles gardent leur pouvoir héliographique pendant plusieurs jours après avoir été insolées, les vêtements doivent garder aussi des propriétés excitantes après une exposition prolongée. Le raisonnement seul me le dit, car je n'ai aucune observation à donner à l'appui de ce que j'engage à faire.

ARTICLE IX

VARIATIONS DE TEMPÉRATURE.

Le malade, mon interlocuteur, a pu voir que ma petite colonie tout entière a ressenti l'effet des variations brusques de température à Antibes. Pendant cet hiver, les habitants du pays ont été très-malades; il y a eu beaucoup de décès à la suite de bronchite capillaire et de pneumonie, surtout à Cannes. Il faut donc ne pas s'exposer à ces variations.

Ces variations peuvent aller à 20° en hiver, car au soleil on a $+30°$ ou $+35°$, tandis qu'à l'ombre on a $+10°$

à + 15° au milieu du jour. Pendant l'été, les variations sont encore plus élevées en passant du soleil à l'ombre. Cela se comprend; plus il fait chaud, plus la brise est forte, et si le thermomètre ne marque que + 25° ou + 30° à l'ombre, au soleil on peut avoir + 55° et même + 60. Alors on est trempé de sueur, et à l'ombre, à la brise, avec des vêtements impropres, on peut se refroidir et grelotter.

On sait bien qu'aujourd'hui la chaleur d'un climat lui vient de deux causes seulement : 1° du soleil; 2° de son altitude plus ou moins élevée au-dessus du niveau de la mer; car la chaleur centrale ne compte que pour $\frac{1}{30}$ de degré; elle peut donc être regardée comme nulle. Il faudra cependant plus de 30,000 ans pour qu'elle ne soit plus que de $\frac{1}{60}$ (1).

Le soleil chauffe d'autant plus la terre qu'il s'approche plus du zénith d'un lieu, et que le pays est plus bas. Sans entrer dans de longues explications pour bien faire comprendre comment ont lieu les saisons, les longueurs différentes des jours et la température climatérique des pays, je vais rappeler dans quelles positions différentes la terre se trouve vis-à-vis du soleil; alors il comprendra immédiatement comment il se fait que tel lieu est plus chaud que tel autre.

La terre est divisée en cinq zones :

(1) Le baron J. B. Jos. Fourier, secrétaire perpétuel de l'Académie des sciences.

1° La Zone torride. Elle est limitée au nord et au sud de l'équateur par deux parallèles équidistantes de ce dernier. Ces lignes parallèles passent par tous les points jusqu'où le soleil peut atteindre le zénith, c'est-à-dire envoyer ses rayons perpendiculairement sur ces pays.

Ces lignes parallèles à l'équateur se nomment encore tropiques, parce que le soleil arrivé au zénith d'un point tropical se retourne pour aller au zénith de l'autre tropique.

La zone torride s'étend à 23° au nord et à 23° au sud de l'équateur ; elle a donc 46°. Je vais revenir sur ce point.

2° Les deux zones tempérées, l'une boréale, l'autre australe. Elles sont limitées par les tropiques et les zones glaciales.

3° Les deux zones glaciales. Elles sont limitées par deux lignes parallèles aussi à l'équateur. Cette limite est fixée par des lignes passant par les pays qui restent dans une obscurité complète pendant l'hiver respectif de ces contrées. On comprendra bientôt qu'à une nuit continuelle succède tous les six mois un jour continu.

Ce qui fait alternativement ces jours et ces nuits continuels, c'est la position différente que la terre occupe successivement dans le plan de l'écliptique, car ce plan a une inclinaison de 23°,27'. La terre, dans une année, parcourt toute son orbite, qui est une ellipse presque circulaire, presque une circonférence. Le soleil occupe à peu près le centre de cette ellipse, et il est fixe ; mais la

terre, en parcourant une ellipse dont le plan a une inclinaison de 23°,27', se trouve donc moitié de l'année
au-dessus du plan du soleil et l'autre moitié de l'année
au-dessous de ce plan. De plus, la terre, en parcourant
son orbe inclinée, a toujours dans toutes les positions
qu'elle occupe son axe parallèle à lui-même.

Suivant que la terre occupera le point le plus élevé
ou le point le plus bas de l'écliptique, le soleil sera au
zénith à 23° 27' au nord ou au sud de l'équateur, c'est-
à-dire à un des tropiques. En même temps, un des pôles
sera complétement éclairé ou complétement dans l'ombre pendant tout le temps que la terre parcourra elle-
même l'une ou l'autre moitié de son orbite.

Les zones glaciales ou plutôt les cercles polaires devraient avoir exactement 23° 27', mais ils sont un peu
plus grands à cause de l'aplatissement terrestre dans
ces régions.

C'est à deux époques fixes : le 20 mars et le 22 septembre que la terre, en parcourant le plan incliné de
son orbite, coupe ou se trouve dans le plan horizontal
du soleil. A ces époques, le soleil est au zénith précisément à l'équateur. Si les rayons solaires pouvaient
traverser la terre, ils tomberaient perpendiculairement
sur l'axe terrestre au centre même de la terre. Ce sont
donc les époques des équinoxes. Les jours sont alors
égaux sur toute la surface de la terre. Ce sont les époques des printemps.

Le 20 mars commence le printemps de l'hémisphère boréal. Le 22 septembre commence le printemps de l'hémisphère austral. Ce sont les époques où la terre est le plus près du soleil.

A deux autres époques, le 21 juin et le 21 décembre, la terre se trouve dans les points les plus élevés ou les plus bas du plan incliné de l'écliptique. Ce sont les époques des solstices. Le soleil est au zénith, aux tropiques, et, avant de quitter un tropique pour retourner à l'autre, il y a un moment où la rotation de la terre ne fait pas changer notablement la durée des jours ; on dit que le soleil se repose.

Ce sont les époques des plus grands et des plus courts jours. Ce sont les époques des étés et des hivers.

Été le 21 juin pour l'hémisphère boréal ; hiver le 21 juin pour l'hémisphère austral ; été le 21 décembre pour l'hémisphère austral ; hiver le 21 décembre pour l'hémisphère boréal.

A ces époques, la terre est le plus loin possible du soleil relativement pour chaque hémisphère.

A la zone torride, les jours sont toujours sensiblement égaux aux nuits.

Pour les zones tempérées, à partir des équinoxes, nous voyons les jours augmenter ou diminuer suivant que l'on considère la zone boréale ou la zone australe. Cette augmentation est d'autant plus grande, que l'on se rapproche davantage des parallèles glaciales.

Pour les zones glaciales, le jour devient permanent,
ou la nuit devient continue, suivant que l'on considère
l'une ou l'autre de ces zones.

Le climat d'un pays est dû au soleil et à l'altitude
plus ou moins grande du lieu. C'est à l'altitude du soleil et non à son exposition plus ou moins grande qu'est
due la température.

Ainsi la zone torride qui a le soleil au zénith n'a le
soleil que 12 heures, tandis que les zones glaciales l'ont
24 heures, mais sous une incidence telle qu'il est impuissant, tout en donnant d'une manière permanente des
rayons, à fondre les éternelles glaces des pôles.

Quand le 21 juin le soleil est au zénith, au tropique
du cancer, il est à 23° de l'équateur. Or, les pays littoraux de la Méditerranée sont à 43° environ de l'équateur. L'ombre projetée à Antibes est donc moindre que
celle que le même corps projetterait à l'équateur même,
car le soleil n'est qu'à 20° du zénith d'Antibes, tandis
qu'il est à 23° de celui de l'équateur. On voit donc que
ce pays doit être fort chaud dans les points éclairés par
le soleil à midi, et que si le thermomètre ne marque que
+ 25° ou + 30° à l'ombre, le soleil doit être écrasant,
à cause de la double enceinte de montagnes qui l'abrite
au nord.

Antibes est au niveau de la mer ou à 6 ou 8 mètres
au-dessus du niveau de l'eau, donc il a toute la chaleur
possible, car on sait qu'on trouve une diminution de

1 degré tous les 150 ou 180 mètres d'ascension pendant l'élévation des 1 000 premiers mètres.

Les pays compris dans l'amphithéâtre dont j'ai parlé dans le commencement, jouissent donc d'une température presque tropicale. Les journées sont très-chaudes et les nuits sont glaciales, car les objets échauffés le jour se mettent, aussitôt le soleil couché, à rayonner jusqu'aux astres sous ce ciel sans nuage, et tout le calorique est presque perdu immédiatement. En sorte que pendant l'été, qui est d'une chaleur excessive, on passe presque subitement à un froid excessif, en allant du soleil à l'ombre. Si, pendant l'hiver, la transition est moins brusque, et si l'écart est moins grand, il faut néanmoins y prendre garde. Les malades surtout doivent éviter de se refroidir s'ils ne veulent pas compromettre par une imprudence le bon effet de leur guérison.

A Antibes, il y a une foule de goutteux et de rhumatisants. C'est leur imprudence seule qui leur a donné ces maladies. Est-ce à dire que les goutteux et les rhumatisants ne doivent pas venir à Antibes? Pas le moins du monde : ma seconde observation vous montre comment le rhumatisme de mon malade a vite passé. Il a même recouvré sa sueur aux pieds, ce qui probablement le guérira sans retour.

Les Africains connaissent bien les dangers de sortir le matin et le soir, aussi passent-ils pour des paresseux aux yeux des Européens, tandis qu'ils sont sages. Du reste, des habitudes fixes, réglementées, dans la manière de faire des habitants d'une contrée, ont leur raison d'être.

Si sortir et travailler le matin et le soir en Afrique n'étaient pas pernicieux, il y a des habitants qui secoueraient de cette paresse générale apparente ; car dans tous les pays il y a des intelligents.

Quoique à Antibes on ne soit pas en Afrique, je crois avoir suffisamment démontré que les transitions y sont brusques comme à Cannes et à Menton, mais peut-être moins qu'à Nice. J'engage donc une dernière fois le malade à se vêtir chaudement et à ne se promener, pendant la journée, que de 10 heures du matin à 4 ou 5 heures du soir. La chaleur est très-insupportable, mais le malade a pu voir, par mes observations, que, si l'on est imprudent, on paye chèrement son imprudence. Le sujet de la deuxième observation en est un exemple frappant.

CHAPITRE VI

RESSOURCES DU PAYS.

A Antibes il y a cinq hôtels principaux où l'on peut descendre avant de se loger définitivement. Ces hôtels sont :

Ferraud, hôtel de l'Aigle d'or.

Audibert, hôtel de la Poste.

Deluqui, hôtel de la Croix d'or.

Rappalo, restaurant de France.

Simonot, hôtel du Chat nouveau.

Les omnibus de la gare conduisent les voyageurs à l'hôtel que l'on choisit.

Pour se loger, à Antibes, il y a une foule de chambres garnies comme celles que louent les officiers en garnison, elles ne sont pas meublées avec luxe, mais cela dépend du locataire ; il y a des appartements à louer pour les familles ; il y a enfin des villas hors de la ville, elles sont déjà très-nombreuses, et une société immobilière vient d'acheter des terrains considérables pour faire construire des châteaux dans tous les points de vue agréables du Cap et de la campagne. Ces châ-

teaux sont pour les grandes fortunes. Je ne sais pas si
ce sera un bien grand avantage; car, la spéculation s'en
mêlant, les loyers de ces châteaux deviendront sans
doute d'un prix fabuleux, comme cela a lieu à Nice, où
l'on parle de 20,000, 40,000 francs et même davantage
pour la location de certaines villas pour une saison. C'est
ce qui fait que cette année tous les étrangers ont fui
Nice, et que toutes les belles villas sont restées sans lo-
cataires. La société immobilière d'Antibes saura profiter
de la leçon.

A Antibes donc, les petites fortunes trouveront des
appartements meublés à des prix très-raisonnables.

Il faut que je prévienne les malades que les maisons
d'Antibes sont construites pour l'été et non pour l'hiver, aussi les portes et les fenêtres joignent très-mal,
et donnent des courants d'air, qu'il faut avoir soin d'in-
tercepter.

La vie n'est pas chère à Antibes, il y a un marché tous
les jours sur le Cours. Le jardinage est abondant et
d'excellente qualité ; l'abondance est telle, que la plus
grande partie en est portée à Cannes et à Nice. A Antibes
on n'est jamais privé de primeurs, tout l'hiver on trouve
des artichauts dans les jardins, des pommes de terre
nouvelles, des petits pois. On mange d'excellents melons d'hiver qui sont de beaucoup préférables aux melons d'été. La viande de boucherie est très-bonne. On
trouve du veau, du bœuf, du porc, de l'agneau, du mou-

ton de Biot. Le mouton est excellent, mais je recommande l'agneau à la broche. Le poisson d'Antibes est réputé, cependant il y a du choix dans les différentes espèces vendues. Les poissons (1) noirs, dits de rochers, sont les préférables ; et parmi ceux-ci, le chapon ou rascas, la tourdre, le sère, le rouget, sont les meilleurs ; parmi les blancs, les préférables sont : le pageau, la dorade, le sarc, le denté, le loup, le mullet qui est très-commun, l'iblade, la mourme, etc ; au bout du Cours se trouve une petite halle couverte où sont les harengères. Le gibier est très-bon, le lièvre, la perdrix, le lapin de garenne, les bécasses, les grives se trouvent sur le marché ou chez des marchands de comestibles. Le lièvre et la perdrix sont d'un goût exquis. Le lièvre a un pelage gris argenté particulier que n'ont pas les lièvres des autres pays ; il atteint des dimensions colossales ; il pèse jusqu'à 6 ou 7 kilogrammes ; il se nourrit de plantes aromatiques, aussi le civet est-il parfumé et succulent.

Sur la place du marché, il n'y a malheureusement qu'un tout petit hangar occupé par les marchandes de poissons, en sorte que, quand le temps est mauvais, ce qui heureusement est très-rare, le marché est mal approvisionné.

Les charcutiers préparent d'excellents mets. Les pâ-

---

(1) Je leur donne le nom qu'ils portent au marché.

tissiers font bien les petits gâteaux; le nougat surtout est très-bon; il ressemble à celui de Montélimart, et il est préférable.

Le vin, par exemple, laisse beaucoup à désirer; outre qu'il se vend plus cher qu'en Bourgogne, il est peu attrayant, du moins pour des Bourguignons.

A Antibes il y a plusieurs établissements de bains, mais les bains Angelin sont de beaucoup les plus propres et les plus confortables.

CHAPITRE VII

ENVIRONS D'ANTIBES.

Madame Juliette Lamber, qui habite Bruyère, une charmante villa, sur le golfe Jouan, a publié un délicieux petit volume (1) où le lecteur trouvera tout ce qui peut l'intéresser sur la physionomie de ce pays unique en Europe.

Madame Juliette Lamber est montée, avec sa bouquetière d'anémones, sur la montagne qui porte le grand pin. Du pied de ce géant de la montagne, on découvre un panorama saisissant. Madame Juliette Lamber a fait vœu de visiter tout l'horizon du grand pin. Le lecteur verra qu'elle tient à ses engagements. Elle a tout vu, tout parcouru, tout visité. L'ermite de la Sainte-Baume lui raconte ses amours. Pierre, qu'elle rencontre à l'auberge des Adrets, lui fait passer une journée délicieuse en lui parlant de sa Bathilde; les farouches Maures du Tanneron, l'épouvante des gens de la plaine, sont séduits par ses charmes, ils lui font un accueil gra-

(1) *Voyages autour du grand pin*, 1863.

cieux. A Mougins elle est allée chez Honorine et Landry. Elle est allée chez les Brigasques. En racontant la légende du palet du diable, elle parle du travail opiniâtre et récompensé de Laurent. Madame Juliette Lamber promène le lecteur partout, mais elle a oublié de lui parler des sites charmants du Cap.

ARTICLE PREMIER

LE CAP.

Je serais bien embarrassé si j'avais à faire la description de cette merveille de la nature. Je regrette de ne pas être poële, mais j'ai trouvé un collaborateur.

M. le capitaine Nicolas, que j'ai déjà présenté au lecteur, a chanté le Cap (1), dans la pièce de vers suivante écrite en langue provençale.

LE CAP NOTRE-DAME.

Mei buons amis, lei hommé réveilla
An décida, en amo et councienço!
Qué nécesté cap, diaman de prouvençô!
Avant un an.... sarié emmaillouta,
Es assas ben nuasté paouré malaou
Per li douna un tour dé proménado!
Sa garisoun per esté réculado
L'empachera d'ana à l'ouspitaou.
Commo Terrin faou juga lou pistoun.

(1) Journal *le Furet*, 30 avril, 1863.

Emboucarai si va faou lo troupetto!
Et an avan ma gaillardo musetto
Per lou canta dé toutei léï façoun!!!
Qué sara béou! tout franjea de roucas
Dé roumaniou et de fresco verduro,
Brouda dé pin sur toutei lei couturo
Et pavoisa dé millo accacias!
Qué sara béou din sa suavo aoudour,
Chaque estrangié sara un calignaire!
Et lei veirés tout escloupa pécaire,
Coumo seis ifs, marcha dret din huè jour!
Anas cerca tourristo dé moun naz
Douni cent ans per lou trouva, anaz?
Puis sabès pas, qué la mero dé Diou!
En visitan sei paouro créaturo,
Dé soun azoun assurait la paturo
Sur nuesté cap, et li fagué soun niou?
Foau si léva coumo iou lou matin.
Leis neï fina sur la santo coupolo,
Veirés aou ciel, s'éléva soun idolo.
Et nous manda soun souriré divin!!!
Aro, pardoun buéno méro de Diou
Dé vous laissa din lou sant hermitage,
Per révéni sur lou brillant parage
Qu'avés deïgna choousi per vuesté flou!
Vaou coumença per parla dé Baccoun;
Mounté Annibal, à soun retour d'Espagno
Vengué fixa soun séjour dé coucagno!
Avan dissa soun vol, jusqu'aou San-Ploun.
Ulisso avan, l'avié basti l'oustaou
M'ounté tracé soun grand siége de Troyo!
Es a Baccoun qué Mars créé la joyo
Qué rendé fol lou bravé Prouvençeau!
Parisien, et vous aoutre Normans
Qu'aougeas cita vuesté lac dé Boulogno...
Vésés acco, alors aourés vergougno
D'avé vanta vuestri maigrès estans.
Lou lac, aïci es uno grando mar
Si reflétan sur la vouto azurado!

M'ounté lou Toun, lou Daouphin la Daourado
Dé sei grands bouns amusoun lou Cagnar.
Vénés lava, vaoutré riché estrangié
Lei pés mignouns dé vuestri blondo fillo,
Vénés glana lei brillanto couquillo
Dé nuestri bords frés, et hospitalié!
Mai foau marcha, per faire dé camin,
Surtout quand l'a, tant dé beautas à veiré;
Lon visitour aura péno de creiré
Qué l'agué aoun cap, tant dé riché butin :
Qué grinpé en paou sur le grand mameloun
M'ounté an basti lou castéou Malespino,
Golfé davan, golfé darnié l'esquino
Es lou buen Diou qu'a fa lei dous valloun...
Mais es troau tard per fini lou tableau,
Et lou Furet qué mi presto uno plaço
S'éri troau long, monssigarié.... bagasso!
Un aoutre fés parlarai d'aou pu béou!

Je veux ajouter encore un mot sur le Cap. En quittant
Antibes et en passant sur l'Ilette, si on suit les bords
de la mer, le Cap présente la plus belle dentelle de
rochers qu'il soit possible de contempler.

Le Cap se divise lui-même en trois petits caps qui
sont séparés par des baies bordées de rochers à pic.
Le premier, c'est le cap Bacon; sur son sommet se
trouve un poste de douaniers. A 1 lieue de là, se
trouve le cap de la Garoupe. A une heure et demie de
marche se trouve la batterie de Greillon sur le cap
Gros.

Quand on est sur la Garoupe, les Alpes, l'Esterel,
tout a disparu. On ne voit que le rocher sur lequel on
repose; on a devant soi l'immensité de la mer. Elle

15.

roule ses flots furieux qui viennent se briser à vos pieds
en écumant. Ces flots s'élancent menaçants à votre
rencontre, ils vous font reculer d'épouvante.

Le Cap, lors du soulèvement volcanique qui le sortit
des eaux, a été tellement bouleversé, disloqué, rompu,
qu'il offre le plus bel échantillon volcanique que l'on
puisse rêver. Il ne reste pas trace de stratification dans
les roches qui sont toutes morcelées.

ARTICLE II

LA PLAGE DE LA PINÈDE.

Au cap Gros fait suite la plage de la Pinède. C'est le
commencement du golfe Jouan. Il est impossible de
trouver un emplacement plus convenable pour un établissement de bains de mer. Pas de vase! Le fond de la
mer est fourni par un sable blanc, très-fin. Il faut aller
fort loin dans l'eau pour qu'elle aille aux aisselles.

Sur cette plage se trouve la chapelle Saint-Barthélemy
qui fut édifiée à la suite d'une fête que se donnèrent
les habitants de cette plage fortunée.

L'histoire de la fondation de cette fête est très-bur-
lesque, peut-être devrais-je la taire. Elle est connue de
tout le monde. Je ne fais que reproduire la narration
du capitaine Nicolas qui en fut un des fondateurs.

La fête de la Saint-Barthélemy a lieu tous les ans au

mois d'août le dimanche avant ou après son quantième, suivant qu'elle se rapproche davantage d'un de ces dimanches.

Les riverains de ce littoral enchanteur élevaient en commun un compagnon de saint Antoine. Ils l'avaient acheté petit : un chien, dit-on, qui a plusieurs maîtres, se passe souvent de dîner ; mais l'animal en question, plus heureux qu'un chien, dîna tant et si bien, qu'il devint gros et gras, propre à faire de la boudinette.

Au mois d'août, les riverains se réunirent et l'on décida que le dimanche suivant l'animal ferait les frais d'un déjeûner. L'assemblée décida que le festin aurait lieu sous le dôme des magnifiques pins parasols de la plage du puits Aymon.

Ces braves paysans entendaient depuis longtemps parler de jeux, de courses, d'amusements de toutes espèces ; ils décidèrent qu'eux aussi s'amuseraient. On convint que, la prébende enlevée, le reste de l'animal appartiendrait à celui qui, d'une seule main, traînerait l'animal de tel point à un but déterminé. Le dimanche matin tous les habitants du littoral sont sur la plage. Le sort désigne le tour de chaque lutteur. Le but est fixé. L'animal est à l'endroit désigné. Les exercices commencent.

Pendant plusieurs heures, à l'hilarité générale, on vit successivement tous ces braves rentiers (1), les uns

(1) Rentiers est le nom que l'on donne aux fermiers.

entraînés par l'animal, les autres lâcher l'appendice et choir pesamment sur le dos, d'autres toucher presqu'au but. L'exercice et la brise de mer aiguisaient l'appétit; les heures s'écoulaient et le vainqueur était encore à trouver. Chacun s'était cependant bien promis, *in petto*, que, si son tour arrivait, il mangerait du jambon à la santé de ses camarades. Enfin un rentier X...., petit de stature, large d'épaules, saisit l'animal par l'endroit convenu et, nouveau Cacus, il l'entraîne au delà du but.

Saigner, brûler, ouvrir l'animal ne fut que l'affaire d'un instant. Les poêlons fumants reçoivent la boudinette. On mangea à belles dents; les marie-jeannes succédaient aux marie-jeannes; après le silence venaient les propos joyeux : on allait chanter. Le capitaine Nicolas, qui avait été invité à la fête, se lève, porte un toast au saint du jour, qui se trouva être saint Barthélemy. On dansa, on chanta, et, avant de se quitter, on se promit de recommencer chaque année.

Tous les ans tout Antibes et les environs se transportent à la fête de la Saint-Barthélemy. Pendant deux jours et deux nuits on s'y livre à des exercices chorégraphiques comme on sait le faire dans ce pays fortuné, où les rentiers se fatiguent à récolter, tout en semant fort peu.

Le capitaine Nicolas fut chargé d'organiser la fête pour l'année suivante. Il s'adressa à M. Aymon qui eut la gracieuseté de faire édifier et orner la petite chapelle actuelle. M. Nicolas recueillit quelques souscriptions pour les frais de tenture et de musique.

Depuis lors, les marchands qui se transportent en grand nombre au puits Aymon, le jour de la fête, font, par la location de leurs places, les frais des prix de régates et des autres amusements. Tous les ans, ce sont des jeux nouveaux; celui qui fut l'occasion de la fête, seul, ne se renouvelle plus; c'est un tort sous plus d'un rapport.

Un coteau superbe, celui des Fornels, s'élève au-dessus de la plage de la Pinède. Dans les Fornels se trouve la propriété du comte Andréossy, où l'on cultive les ananas. Le chemin de fer passe au bas de cette propriété, et sur la voie ferrée même se trouve le fameux pin parasol où saint Honorat et sainte Marguerite, sa sœur, venaient de leurs îles Lerins s'asseoir pour méditer.

Le cap Notre-Dame n'est séparé des îles historiques de Lerins que par une demi-heure de bateau à rames. A la pointe est de l'île Sainte-Marguerite se trouve le fameux château qui servit de prison au masque de fer. Ce château est actuellement un poste militaire. L'île Sainte-Marguerite passe pour le lieu le plus favorisé de la Provence.

J'ai dit que la température de ces îles est exactement la même que celle d'Antibes, ainsi qu'on l'a observé pendant tout l'hiver au sémaphore du cap.

Ces îles ont fort longtemps servi de prison aux Arabes;

le gouvernement songe encore à les utiliser. «Les îles de Lerins sont destinées, assure-t-on (1), par l'administration pour servir de lieu de convalescence et de rétablissement aux troupes revenant du Mexique que la fatigue et le climat ont rendues malades. Ces îles, on le sait, ont été déjà habitées par des Arabes prisonniers, et le séjour de ces derniers n'a fait que confirmer l'opinion bien établie de la salubrité de ces îles, ainsi que l'influence salutaire de leur température. Près de quatre cents hommes seraient donc dirigés vers ces contrées, distantes de quelques centaines de mètres du littoral des Alpes-Maritimes, et en vue de Cannes, station hivernale renommée.»

ARTICLE III

LE PREMIER MARS.

C'est au golfe Jouan que débarqua Napoléon quand il quitta l'île d'Elbe. C'est là qu'il débarqua le 1er mars 1815, à 3 heures de l'après-midi. C'est là qu'il rédigea cette proclamation : « La victoire marchera au pas de course, avec les couleurs nationales, volera de clocher en clocher jusqu'aux tours Notre-Dame. » C'est là qu'il passa la nuit sur une chaise. C'est là qu'est élevée une colonne commémorative de cette descente suivie d'une marche invraisemblable, romantique, qui passera pour une fable dans les siècles futurs.

(1) *Le Temps*, 16 février 1864.

Quand on sort de la gare de la station du golfe Jouan et qu'on prend le chemin de Vallauris, on a en face de soi la colonne qui est érigée sur la route de Cannes. Il est incroyable que cette colonne ne soit pas surmontée d'une statue ou tout au moins d'un buste de Napoléon.

Tous les ans, le premier dimanche de mars, on célèbre l'anniversaire de cette descente. Il y a une fête au golfe Jouan. Autrefois, on dînait, on dansait dans le champ d'oliviers où Napoléon a passé la nuit. Maintenant, le chemin de fer oblige la fête à avoir lieu sur la route et sur la plage.

Quand la nouvelle du débarquement de l'empereur se fut répandue, tous les habitants des pays voisins accoururent pour le saluer. Le capitaine Nicolas, encore enfant, vint comme les autres. Il demandait partout qu'on lui montrât l'empereur. Napoléon vint le prendre par l'oreille, selon son habitude, et lui demanda ce qu'il voulait à l'empereur. « Je veux aller me battre avec lui. — Tu es trop jeune, ton tour viendra, » lui répondit Napoléon.

Tous les ans, le poëte d'Antibes, le capitaine Nicolas, chante cet événement mémorable. Je transcris sa pièce de vers de la fête de 1864.

Memento homo!   1er mars 1815.

AU GRAND HOMME!!!.....

Du céleste Forum, toi géant des batailles,
De l'hydre impérial tu diriges les pas :
Efface du passé les tristes funérailles
Afin que ton neveu ne s'en souvienne pas.
Que ses têtes partout, promenant la lumière
Qui doit incendier cent trônes vermoulus.....
Car, quand de l'univers la France se fait mère,
A ses nombreux enfants, elle doit ses vertus!
N'a-t-elle pas déjà proclamé la concorde
En appelant les rois au banquet fraternel?
N'a-t-elle pas crié vingt fois miséricorde
A celui qui brisait d'un grand peuple l'autel?
Qu'on ne s'y trompe pas; ses vœux et ses prières
Restent en lettres d'or, gravés dans tous les cœurs :
Mais avec son amour, la France a ses colères
Qui peuvent en un choc, briser dix empereurs........
Marche, marche Louis! et si ta voix sonore
Ne trouvait plus d'échos aux poitrines des rois :
Quoique ami de la paix, tu trouverais encore
Un grand peuple debout, pour leur dicter ses lois!!!...
En attendant, enfants de la belle Provence
Sourions au soleil de ce jour solennel!
N'est-il pas pour nos cœurs la douce récompense
D'avoir pu les premiers, contempler l'Immortel!!!...

· · · · · · · · · · · ·
· · · · · · · · · · · ·
· · · · · · · · · · · ·
· · · · · · · · · · · ·

Le capitaine en retraite,

NICOLAS,

Chevalier de la Légion d'honneur.

1er mars 1864.

ARTICLE IV

LE CANNET.

Les malades qui viendront à Antibes feront le pèlerinage de la villa Sardou, où est morte notre inimitable tragédienne Rachel. On doit un souvenir à cette femme extraordinaire. Je n'ai jamais vu Rachel sans avoir la fièvre ; aussitôt qu'elle entrait en scène, j'étais pris de frisson. Mon lecteur a sans doute aussi éprouvé la fascination de cette fée. La villa Sardou, au Cannet, mérite donc d'être vue par souvenir pour Rachel et pour l'originalité de l'habitation. Le salon de cette villa est superbe. Le plafond est décoré par deux hémisphères régulières enfoncées dans le plafond. Elles sont bleu de ciel et ornées des principales constellations. Entre ces deux hémisphères se trouve le système du monde avec toutes les planètes et leurs satellites. L'anneau de Saturne est malheureusement déplacé. La cheminée est faite dans le trou d'un arbre gigantesque ; une pendule se trouve dans un trou du tronc d'arbre : on dirait un nid de mésange. Une glace, profondément placée derrière les branches de l'arbre-cheminée, cause une illusion magique : on croirait découvrir la campagne.

Les corniches sont ornées de médaillons où sont figurées toutes les grandes célébrités de l'antiquité, **du moyen âge et de nos jours. Ces médaillons sont disposés comme des triglyphes de l'ordre dorique.** Sur les côtés de l'arbre-cheminée se trouvent, à droite et à gauche, deux rochers bruts où sont gravés les noms des princes des sciences cosmologiques et nosologiques.

Dans les panneaux se trouvent les portraits de Lavoisier avec les instruments de chimie, il découvre les lois des combinaisons binaires et ternaires, Beethoven est avec une harpe et d'autres instruments, il compose ses valses, etc.

L'ameublement est de vieux chêne torse, le piano est de vieux chêne sculpté.

Le salon respire une originalité d'un goût exquis.

La salle à manger n'a rien de bien extraordinaire. Il y a des fresques où sont représentés des héros des temps anciens. Il y a un buste de la Vénus de Milo donné par Rachel à son ami Sardou, elle est superbe sur la colonne qu'elle surmonte. Comme pendant, il y a une statue que je crois de Pradier, qui est fort belle aussi. C'est encore un cadeau de Rachel à M. Sardou.

La chambre à coucher est d'une sévérité qui fait peur, le lit de pierre avec de petits oratoires, et des lettres symbolique,s vous glacent d'effroi.

L'ornementation est très-belle et très-riche.

Les corniches sont remplies de médaillons où sont

figurées les célébrités contemporaines. Il y a encore beaucoup de places vides.

Sur la cheminée se trouve la statue en pied de Rachel.

Dans cette chambre à coucher se trouvent une vieille commode de laque de Chine du temps de Henri II, et un grand bahut de vieux chêne sculpté. Ces meubles sont de toute beauté.

Rachel n'a couché qu'une nuit dans ce sépulcre. Elle est morte dans une petite chambre à un étage inférieur, dans un petit lit de fer qui est encore orné de sa moustiquaire.

Le malade qui ira au Cannet reconnaîtra immédiatement la villa Sardou. Au milieu de milliers de pieds d'orangers, il verra un énorme saule pleureur qui dépasse le faîte de deux tours élevées avec une villa à l'orient. C'est la villa Sardou. Au premier aspect on devine que c'est là qu'à dû mourir Rachel !

ARTICLE V

LE CARNAVAL A NICE.

Les malades qui viendraient à Antibes pourraient, comme moi, être tentés de voir un carnaval italien, et aller à Nice pour jouir de ce spectacle. Je vais leur raconter très-brièvement ce qu'est cette affreuse saturnale,

et je pense que, le sachant, ils choisiront un autre jour
pour aller voir Nice.

Voilà ce que j'ai vu le mardi gras à Nice : Le Cours
est une petite place étroite et fort longue. Le milieu est
planté et sert de promenade aux habitants du quartier ;
les bords sont pavés et les voitures y passent.

A 2 heures, le milieu de la place est rempli par
la population niçoise. Chaque individu a plusieurs sacs
énormes de farine, de haricots, de grains de maïs et de
plâtre. La courtine qui borde le Cours à l'ouest, du côté
de la mer, est tellement pleine de monde, qu'on ne peut
pas circuler ; là encore chaque individu à ses provisions
de combat. Au-dessous de la courtine, qui est fort élevée, se trouvent des logements, des restaurants ; chaque
fenêtre laisse passer cinq ou six têtes masquées ; chaque
masque a aussi ses projectiles. Le côté est de la place
est bordé par des terrasses et des maisons très-élevées ;
de ce côté de la place comme de l'autre, on ne voit que
des masques frémissants d'impatience. Mais là, sont les
masques élégants, ils ont des caisses énormes de farine
en poudre ou en sachet.

A 2 heures et demie, les voitures remplies de
masques et les cavaliers commencent à défiler autour
de la place. Les cavaliers ont d'énormes sacs suspendus
en forme d'arçons. Les voitures ont des caisses de farine, de haricots, etc. ; ces caissses peuvent contenir
deux ou trois doubles décalitres de farine.

A 2 heures et demie, un hourrah formidable se fait entendre, c'est l'annonce de l'arrivée des voitures. Le combat commence alors pour durer jusqu'à 4 heures et demie ou 5 heures. C'est à qui se jettera le plus de farine aux yeux pendant ces deux heures.

Il est rare qu'une voiture puisse faire deux fois le tour du Cours sans être obligée de retourner aux provisions. On fait facilement place à ces voitures qui s'en vont. Mais, quand elles reviennent au combat, les rues sont tellement pleines de monde aux abords du Cours, le bruit, les éclats de rire, les provocations vous assourdissent tellement, qu'on n'entend pas revenir les voitures. Les masques vous lancent alors des sachets de farine ou des poignées de haricots dans le dos ou sur le chapeau. Eux-mêmes, quand ils sont au repos, sont littéralement ensevelis sous la farine et sous les haricots qui tombent de cent fenêtres armées chacune de huit ou dix bras.

La mascarade ne devrait, suivant les conventions, ne jeter de la farine aux passants que dans une certaine région, mais nulle part on n'est à l'abri. Le meilleur moyen d'éviter une avalanche de farine, c'est de prendre immédiatement son parti et de recevoir une poignée de poudre sur le dos ou sur le chapeau; alors on n'offusque plus les masques par sa propreté, on a reçu le baptême.

Le vent se mêle quelquefois de la partie, comme cela

a eu lieu cette année ; l'atmosphère est blanchie comme par un jour de neige, et à une distance de plus de 500 mètres tout est poudré.

S'il ne sortait que des gens enfarinés de cet affreux tournoi, on n'en conserverait qu'un souvenir de dégoût ; mais, hélas ! que de gens renversés, écrasés ! que d'yeux éborgnés ou pochés !... Les voitures et les cavaliers renversent ou écrasent les piétons. Une poignée de haricots vous arrive dans les yeux si vous ôtez votre masque pour respirer, car les curieux sont tous masqués, et c'est, je vous assure, une bonne précaution. Puis, comme terminaison, les gens qui ont été trop maltraités répondent à une poignée de haricots par une poignée de cailloux. Des œufs quelquefois s'égarent dans les haricots ; les pommes cuites se mêlent de la partie, sans parler de beaucoup d'autres projectiles prohibés. Le combat qui a commencé avec des poignées de farine se termine avec le poing sans farine.

Dans l'ancien temps on lançait des bouquets, des dragées, etc. Dans ces conditions, le carnaval me plairait, ce serait un échange de politesse, et ceux qui ne recevraient pas de bouquet, recevraient au moins quelques bonbons, et, en les mangeant, on oublierait qu'ils vous ont frappé sur le nez. Alexandre Dumas nous dit que, pour l'inauguration du carnaval à Naples, un prince savoyard s'est payé la fantaisie de jeter pour 4000 francs de dragées aux lazaroni.

L'entrain de la lutte fait croire que les acteurs s'amusent à ce jeu immoral. Pour moi, j'ai été profondément peiné. Je n'ai pu chasser de mon esprit les réflexions pénibles qui l'obsédaient.

Les ouvriers lyonnais meurent de faim, les Rouennais sont sans ouvrage, et, tandis que dans le centre de la France les ouvriers ont faim et ont froid ; dans le Midi, à Nice, on jette sur les passants des milliers de sacs de farine et de haricots !

Les gens qui font, et ceux qui tolèrent de pareilles orgies, sont responsables d'un pareil scandale devant les ouvriers qui meurent de faim sans travail.

C'est offenser Dieu.

Je suis allé, après la lutte, sur le Cours ; les grains de maïs, les haricots se touchaient, s'entassaient dans les rues adjacentes. Sur le Cours on avait de la farine jusqu'aux chevilles. Avec tout cela, on aurait pu faire vivre plus de mille familles pendant tout l'hiver.

Malades qui viendrez à Antibes, n'allez pas voir une pareille saturnale.

FIN.

TABLE DES MATIÈRES

FIN DE LA TABLE.

CORBEIL. — Typographie et stéréotypie de CRÉTÉ.

CARRIÈRE. Le climat de l'Italie, sous le rapport hygiénique et médical, par le docteur Éd. CARRIÈRE. *Ouvrage couronné par l'Institut de France*. Paris, 1849. 1 vol. in-8 de 600 pages.　　　7 fr. 50

Cet ouvrage est ainsi divisé : Du climat de l'Italie en général, topographie et géologie, les eaux, l'atmosphère, les vents, la température. — *Climatologie de la région méridionale de l'Italie*: Salerne, Caprée, Massa, Sorrente, Castellamare, Torre del Greco, Resina, Portici, rive orientale du golfe de Naples, climat de Naples; rive septentrionale du golfe de Naples (Pouzzoles et Baïa, Ischia), golfe de Gaëte. — *Climatologie de la région moyenne de l'Italie*: Marais-Pontins et Maremmes de la Toscane ; climat de Rome, de Sienne, de Pise, de Florence. — *Climat de la région septentrionale de l'Italie* : Venise, Milan et les lacs, Gênes, Menton et Villefranche, Nice, Hyères.

Dictionnaire général des eaux minérales et d'hydrologie médicale, comprenant la géographie et les stations thermales, la pathologie thérapeutique, la chimie analytique, l'histoire naturelle, l'aménagement des sources, l'administration thermale, etc., par MM. DURAND-FARDEL, inspecteur des sources d'Hauterive à Vichy, E. LE BRET, inspecteur des eaux minérales de Barèges, J. LEFORT, pharmacien, avec la collaboration de M. JULES FRANÇOIS, ingénieur en chef des mines, pour les applications de la science de l'Ingénieur à l'hydrologie médicale. *Ouvrage couronné par l'Académie de médecine*. Paris, 1860, 2 forts volumes in-8 de chacun 750 pages.　　20 fr.

FARINA. Menton : Essai climatologique sur ses différentes régions, par le docteur J. F. FARINA, docteur-médecin, médecin et chirurgien de la ville et hôpital de Menton, etc. Paris, 1863, in-18 de 72 pages.　　　1 fr. 25

FONSSAGRIVES. Hygiène alimentaire des malades, des convalescents et des valétudinaires, ou du Régime envisagé comme moyen thérapeutique, par le docteur J. B. FONSSAGRIVES, médecin en chef de la marine, professeur de thérapeutique générale à l'École de médecine de Brest, etc. Paris, 1861. 1 vol. in-8 de 600 pages.　　　8 fr.

GIGOT-SUARD. Des climats sous le rapport hygiénique et médical. Guide pratique dans les régions du globe les plus propices à la guérison des maladies chroniques, France, Suisse, Italie, Algérie, Égypte, Espagne, Portugal, par le docteur L. GIGOT-SUARD, médecin consultant aux eaux de Cauterets. Paris, 1862. In-18 jésus, XXI-607 pages, avec une planche lithographiée.　　　5 fr.

LEE. Nice et son climat, par EDWIN LEE, docteur médecin, membre correspondant et honoraire des Académies et Sociétés de médecine de Paris, Berlin, Munich, Madrid, etc. *Deuxième édition*, refondue et augmentée d'une notice sur Menton, et des observations sur l'influence du climat et des voyages sur mer dans la phthisie pulmonaire. Paris, 1863. 1 vol. in-18 de 168 pages.　　　2 fr. 50

PIETRA SANTA (P. DE). Les climats du midi de la France. La Corse et la station d'Ajaccio, mission scientifique ayant pour objet d'étudier l'influence des climats sur les affections chroniques de la poitrine. Paris, 1864, in-8, 256 pages, avec une vue d'Ajaccio.　4 fr. 50

RIBES. Traité d'hygiène thérapeutique, ou Application des moyens de l'hygiène au traitement des maladies, par Fr. RIBES, professeur d'hygiène à la Faculté de médecine de Montpellier. Paris, 1860. 1 vol. in-8 de 828 pages.　　　10 fr.

www.ingramcontent.com/pod-product-compliance
Lightning Source LLC
Chambersburg PA
CBHW070245200326
41518CB00010B/1691